県
オノミユキ
自宅
木地山
山帰来
p.67
ココンバの滝
p.73 p.92
生杉区
小入谷区
シカ、テン、
タヌキ、キツネ、
フクロウ、ネズミ…
見られる動物は
いろいろ
大宮神社
p.77
朽木西小学校
p.65 p.87
古屋簡易
郵便局
p.46
きれいな
記念切手が
買えるよ
平良ふれあい
キャンプ場
p.56
釣り堀もあるので
魚釣りが楽しめるよ
京都府
大津

カット：かとうさわ

山《さん》村《そん》大《だい》好《す》き家《か》族《ぞく》

おもしろ生活編

オノミユキ

SUNRISE

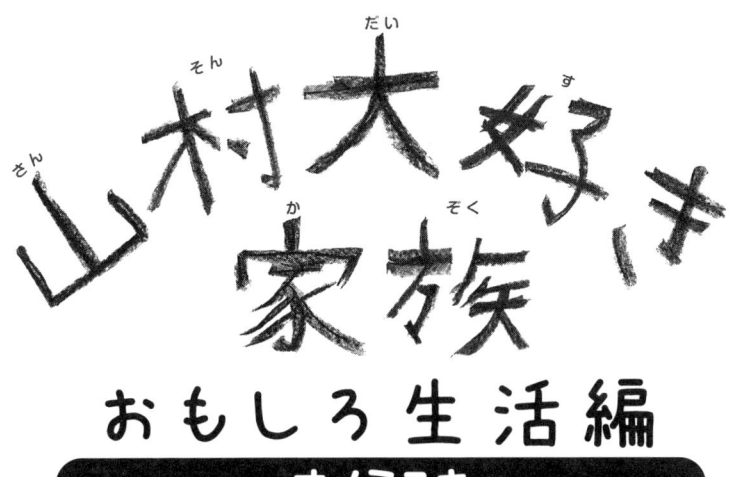

はじめに

2012年12月の「山村大好き家族～ドタバタ子育て編～」に続いて「～おもしろ生活編～」を出版しました。

私は1997年に朽木村（現高島市朽木）に移住し、現在は木地山区という小さな集落に住んでいます。新興住宅地育ちの私にとって、地元では普通の出来事が珍しいことだらけでした。聞いたことのない方言や言い回し。食べたことのない料理。また、地域に伝わる行事は、もちろん体験したことのないもの。おもしろいことだらけでした。

朽木に移住して15年になりますが、結婚して子どもが生まれたことによって、また新たなる発見もありました。このような生活体験をマンガにして14年になります。

本編には、毎日新聞、MOH通信（持続可能社会を世に伝える季刊誌）に連載を続けた作品をまとめています。10年に亘って掲載されていたものを一冊にしていますので、話の流れが前後しており、わかりにくい箇所があります。そこで我が家の略歴を紹介しますので照らし合わせながらお読みいただければと思います。

では、山村に住む家族のおもしろ生活話をお楽しみください。

2013年2月

●オノミユキ略歴●

1974年　生まれる。大津市（旧志賀町）育ち。

1997年　県立「朽木いきものふれあいの里」に就職とともに朽木の公営住宅に移住。

2000年　朽木木地山地区に引っ越す。

2001年　3月ダーリンと結婚。12月退職。

2002年　2月キノスケを出産。

2004年　7月サワを出産。

2006年　森林公園「くつきの森」に就職。

2010年　3月退職。10月シンクローを出産。現在も、山村生活を満喫中！

家族の紹介

ダーリン

1971年生まれ。東京生まれ東京育ち。電気やパソコン関係などの仕事をしていたが、都会から離れたくて2000年に朽木へ移住。朽木内のレジャー施設に就職。2006年、念願の林業に就き、重労働に毎日へとへとになりながらも技術の習得と家計の維持に努力中。チェーンソーのお手入れが日課。

オノミユキ

1974年生まれ。このマンガの著者兼主人公。飽きっぽい性格なのに、山村生活が16年も続いているとは大したものだと自己満足。マンガの執筆も1998年から現在まで続いているのはすごいな～。でも、なんでも適当に済ませる性格が絵に出ていて、非常に雑なマンガも時々混ざっている。ごめんなさい。これからは立体的な絵を丁寧に描くことが目標。

長男　キノスケ

2002年生まれ。現在、小学5年生。朝起きるのが苦手。得意なことは、少ないお金でお菓子をたくさん買うことと大人では思いつかない疑問を持つこと。例:「オナラって上にあがっていくの?」目標は、学校から帰ったらなるべく早く宿題をすること。

長女　サワ

2004年生まれ。現在、小学2年生。周りの人のお世話が上手で、準備も得意で、字もきれいでしっかり者と評判です。が、後片付けが苦手。食べこぼしが多い。服のセンスがイマイチ…。こんな女の子ですが、将来はきっといいお嫁さんになるはずです。目標は、はずかしがらずにあいさつをすること。

次男　シンクロー

2010年生まれ。現在、2歳。電車、車、お散歩が大好き。得意なことは、歌を歌うこと。童謡からアイドル系、ポップスも歌えます。気が強いので、人を叩いて泣かせても絶対謝らない。そのわりにスピードには弱いらしく、滑り台とそり遊びが苦手。

目次

MOH《モウ》通信

もったいない　おかげさま　ほどほどだ

掲載分

ここからは、2006年春号～2012年春号に、
MoH通信（持続可能社会を世に伝える季刊誌。
新江州株式会社発行）に掲載されたマンガです。

じっくり酒蔵、発見!!の巻
作：オミユキ
スタート
本日、おじゃましたのは、高島市新旭町《しんあさひ》の上原酒造《うえはらしゅぞう》さん。
社長の奥様《おくさま》上原美重子《みえこ》さん。
ようこそ
こんにちは
お茶《ちゃ》とお漬物をどーぞ。
あの～、お茶には大福《だいふく》でしょ。
大福下さい。
うちでは甘《あま》いものはお出ししません。きき酒《ざけ》しはる方が、お酒の味がわからんようなりますさかい。
そうか。じゃ、つけもんでガマン
ん！うまい♡
実《じつ》はこれ、全部手作り。
こうじ漬
辛子漬
ぬか漬
粕漬
何とこの奥様、何でも手作りを、心がけている。
味噌《みそ》、ポン酢《ず》、粕漬《かすづけ》、ぬか漬、ふきみそ……いわゆるスローフード。
また、生ゴミは全《すべ》て畑の肥やしに。
そこから柿《かき》の芽《め》が出てふくらんで、花が咲いたら……

2006.春号

実《み》ができたそうな。モモクリ3年、カキ8年
……これはウソ??
なんと、枝《えだ》つきの干し柿に!
おもろいアイデア!
さていよいよ蔵《くら》へ。
どうぞ
↑長男の積《りさお》さん
わォ〜 樽《たる》がいっぱい〜
玄米の40%をけずり、精白《せいはく》した60%が酒になる。
蒸《む》し米、こうじ、水を合わせ—
乳酸菌《にゅうさんきん》をよびこむと、
発酵《はっこう》して泡がぶくぶく出る。
30〜40日程《ほど》置《お》くと
どろりとした液体《えきたい》になる。
これを袋に入れ、「木ふね」という大きな箱《はこ》に並《なら》べる。
袋《ふくろ》の重《おも》みで酒が絞《しぼ》られて出てくる。
袋の重みでは足らないので、重石《おもし》をかけて絞り出す。
↑おもし約1トン
こうして3日以上かけてじっくりゆっくり絞られたお酒がこれ!!

MOH通信編

このしぼり方は、「天秤《てんびん》しぼり」といい、戦後《せんご》は全国でも殆《ほとん》ど行っていない珍《めずら》しい方法らしい。

機械だと一日の仕事を3日もかける。

まさに「スロー」な作業だね。

さて、よばれてみると…

ウマイ♡フルーティ♡

おかわり
…といいたいが、今は取材《しゅざい》中。

ガマンガマン!

ところで、このお酒は「杣《そま》の天狗《てんぐ》」という上原酒造の人気者《にんきもの》。

杣の天狗
同じ市内の朽木《くつき》で栽培《さいばい》される山田錦という米でつくられた。

まさに地産地消《ちさんちしょう》(?)理想的《りそうてき》なお酒や。

どんどんのもう!

他にも上原酒造で20種《しゅ》以上のお酒がつくられている。

ズラ〜

これらは、蔵人《くらびと》さんたちの努力《どりょく》の結晶《けっしょう》!

なんと、11月から4月まですーっと泊りこみ。

おうちに帰れな〜い!

そして極寒《ごっかん》の蔵《くら》で朝方から働《はたら》くそうだ。

ヒョエ〜

気温《きおん》は高すぎても低《ひく》すぎてもよくないらしい。
発酵しすぎ!
ごろごろ
発酵しな〜い
その年その年ででき具合もいろいろだそうだ。
ウン、うまい!!
かなりきつい仕事なので、後継者《こうけいしゃ》不足みたい。
やーめた!
あ、オノミユキ、蔵人《くらびと》やってみたいです!
だめだめ。アナタは酒を全部平《たい》らげるし、根性もなさそうだし。
バレタ
おみやげに干し柿と辛子《からし》漬を頂き、
ありがとうございました!
さっそくお家で大宴会《えんかい》。
うまかったなァ……!!
上原美重子さんのお漬物は上原酒造の他、新旭農協の「四季菜館」で売っていま〜す!
・にしんこうじ漬
・あちゃら漬
・粕漬……
季節に応じて

お酒のお問合せは…

上原酒造（創業 文久2年 1862年）

住所：高島市新旭町太田1524

TEL 0740-25-2075
FAX 0740-25-5463

松の天狗
4合 1,470円
1升 2,940円

松の天狗は、朽木の酒屋さんでも手に入ります!

高島市朽木《くつき》にぃらっしゃ〜いの巻!!

ふだんは静かな高島市朽木。
それが、休日になると賑《にぎ》わう場所がある。
ワイワイ
ワイワイ
日曜《にちよう》朝市である!!
いらっしゃ〜い
地元《じもと》の人が地元のものを売《う》っているのだ。
早速、朝食ぬいて行ってみよう!
あ! コレがうわさの鯖《さば》寿司《ずし》!
酢《す》でしめた鯖でおしずしにしたもの
朽木では祝いごとの時に食べられていた。
ちょっと試食
ウマイ♥
こちらは栃餅《とちもち》。
あんこ入り、なし、あんこまぶし、がある3。
灰汁《あく》ぬきした栃《とち》の実をまぜた餅。
コレも試食
昔は米が貴重だったため、栃の割合が多かった。
「苦い」餅だったらしいが
これは程《ほど》よくまざっていて
Goo《グー》!!
ムムム…、これは
大根のぬか漬けだな。
タカノツメや柿《かき》の皮、昆布《こぶ》、などと一緒に漬けたりする。
古漬けになったものは炊《た》いて、「ぜいたく煮」に変身《へんしん》!!
試食♥
ポリ

作:オノミユキ

2006.夏号

いー？これはもしや鯖《さば》のなれずし？
ごはんを詰めた塩鯖を、サンショの葉とサンドイッチにして、半年以上ねかせて発酵させるのだ。
あの有名なふなずしに似てるっていうけど…
これも試食
ほどよいくさみで、酒の肴《さかな》にピッタリ！！
あつあつごはんにのせて湯をかけてたべたり、
湯にそのままいれて食べると温まる。
あれー？同じ鯖でもこれは鯖のへしこ？
こちらは塩鯖と米糠《こめぬか》と、みりんとで半年以上漬けたものだよ。
トースターで軽くあぶるとおいしいっていうけど…
このままでも塩がきいてておいしいよ
試食
こっちも酒の肴にぴーーーったり
サケもってこーい
そして野菜《やさい》がずらり。これからどんどん出るよ。
あったあった
ハハー。野菜《やさい》の試食はないよねー
ほれ。ホーレン草一把《わ》やるわ
食べてみ
中村源一さん

キャイ〜ン。いいんですか?すみません。ありがとう。うれし〜♥
私がカワイイからかな?
ちょっとサービスしてやらんとあとでウルサイしな
そやそや
いや〜ん。もてちゃって困る〜
んで。今、通《とお》りすぎたものは?
キャーッ下駄《げた》〜っ
大人用だけでなく子ども用まで!
カワイイ〜♥
作っているのは下駄職人《げたしょくにん》の中原三郎さん!
木を伐り、かわかし、削《けず》って完成まで全部ひとりでやっておられる。
自分の好きな鼻緒《はなお》をえらんですげてもらえる。
コレで…
ハイ
キャーこれでもう浴衣姿《ゆかたすがた》ならモテモテね〜
もてちゃって困るから
うどんくださいっ
カンケイない
うどん
ハイ、ミユキさん。ごちそうするわ。
えっいいんですか
山菜や野菜の天ぷらのたっぷりのったうどん!

うーん。もてるって罪《つみ》だねー
何か食べさせとかないと、なに描くかわからんしなー
うんうん
ウマイ
ふーう。ハラいっぱいになったし、
デザート頂こう
どんぐりケーキ?
コナラやミズナラの実をあくぬきしてまぜたパウンドケーキ!
ほのかに苦味《にがみ》があって、ふんわりしていておいしいケーキ。
これまた試食
さぁて帰るか。
もう満腹、満足
カレーパン揚《あ》げたてですよー
ナヌ?
わおー♡ 手作りのパンだ
いらっしゃい
あーっ。よく見たらオノミユキが売ってる!
友人の焼《や》くパンを自分が焼《や》いたかのように売っている!
1コ 100円
本人は自宅で鬼《おに》のようにパンを焼き、焼けた分だけ運んで売るのだ
↑オニ
うん。手作りの素朴《そぼく》な味でおいしいな。
無添加《むてんか》だから安心だしねー。
地元の食材 地元の味、地元のみんなに 会いに来てね!

日曜朝市は毎週日曜日と、祝日 7:00~12:00 朽木新本陣にて。
お問合せは、朽木観光協会 (0740)38-2398迄!

朽木《くつき》木地山《きじやま》から…今津町《いまづ》椋川《むくがわ》へ…ちょっと訪村《ほうそん》の巻
作：オオミユキ
ある日、家の前で遊《あそ》んでいると、
ピタ
私の母はこの家でうまれ、椋川《むくがわ》に嫁《とつ》ぎました。
へえ
また、椋川に遊びにいらっしゃい。
と、お誘《さそ》いいただいたので、
11月23日、さっそく椋川《むくがわ》へ。
椋川は朽木の隣の今津町。
木地山とは山をはさんで、すぐ近く。
木地山
椋川
この日はなんと、「おっきん！椋川」というイベントを行っていた。
おっきん！椋川
"おっきん"とは、"おおきに"のことで、"ありがとう"の意味である。
さて、椋川集落の地図をもらい、
どこに行こか
よし、炭がまがあるらしい。レッツゴー！
友人の子
途中《とちゅう》、牛が放牧《ほうぼく》されていた。
コワーイ
またしばらく行くと、今度は羊《ひつじ》が！
コワーイ
山からおりて、畑に悪さするサルやシカを、追い払うために飼っているとか。

2007.冬号

子どもたちは、クリの
イガを
ふんづけたり
イチョウの葉を
拾《ひろ》いながら歩き、
やっと煙《けむり》が!!
あそこや
そこへ、通りかかった
軽トラに
乗せて
もらい、
ラッキー
ようやく炭がまに到着《とうちゃく》。
おじいさんが ひとり、
炭を焼《や》いていた。
昔、炭を焼いていたが
やめてまた10年前に
このかまで
焼き始めたんや。
ふーん。やっぱり
椋川も朽木と一緒。
炭では
やっていけなかったんだ…
そして、出発地点の、
山の子学園にもどる。
椋川山の子学園は、
昔の分校で、廃校《はいこう》に
なった今は、合宿所など
として利用されている。
中に入ると、
椋川の
女性たちの
手料理が
売られていた。
赤飯《せきはん》、おすし、
おはぎ、漬物…
すべて100円。
思わず
欲ばって、
これだけ下さいっ!!
すると、
んっ。
黒米カステラ?
地元のおばちゃんにしては
ハイカラな
ものやな…
コレも下さい
これは私が作りました
んっ、
初めてみる
若者。
作った人は、椋川移住者の
是永《これなが》まきこさん。
イベント
火付け役の
ダンナさん
黒米も栽培したという。

その黒米を使っただんご汁担当は、木地山に来たおばさん
こんにちは
あー、よう来たな
母がいつまでも食べている頃、子どもたちは…
んー、うまいっ
おいしい♡
遊んでいた。
あれ？ひとり多い。
隣《となり》でごはんを食べていた男の子と、仲よしになったみたい。
名前も知らないのにすぐ友達になって遊《あそ》ぶなんて、子どもってスゴイねー。
この子のお父さんが、椋川出身らしい。
福田といいます
あらカワイイ人
そしてみんなで、かやぶきのお家《うち》の見学へ。
わォ！大きなおうち!!
いらっしゃい。どうぞ
あ！あのおじさん
木地山でお会いしたあのおじさんがこんな立派《りっぱ》なお宅の主とは!!
今日はイベントのために、屋根《やね》裏《うら》を見学させてくれている。
へえー。屋根裏って結構《けっこう》広ーい
そしてさらに3階まであるのだ。
おじちゃーん。のどかわいたー
ん？
さ。家の中でお茶をのみなさい。
いえ！外で結構です！
と、言いつつ…
では少しだけ。
ヨイショ

なーんと、部屋《へや》にはおもちゃがいっぱい! 子どもたちも! うはうは!
ここも、子どもは是永《これなが》さんとこの子だけでな
はーそうですか
よく遊びに来るんや
うちもよく近所のお宅におじゃまするなー
母の実家ということで、木地山にはよく遊びに行きましたよ。
山を越えて橋を8回渡《わた》ると木地山でね。
半日がかりやね。
ヒョエ〜
木地山
椋川
その昔の道、残ってるかなー。
いろいろなお話をきき、夕方になってしまった。
ありがとうございました
仲良くなったしょうちゃんたちともバイバイ〜
バイバーイ
またねー
さあ帰ろうーと、出発したが、
おいしかった椋川の米を買うため、立ち寄《よ》ったところで…
ここにも入っていって。
ここは民家を解放し、麻糸《あさいと》つむぎの体験《たいけん》コーナー。
わしら子どもの頃は、麻糸をつむいで、服《ふく》をつくったもんや。
へぇ〜〜
朝から夕方までたっぷり楽しんだ"おっきん! 椋川"。車の中で漬物《つけもの》ポリポリしながら帰る。
車で走るとあっという間の距離《きょり》だけど…、
一度、山越えで行ってみたいな。すてきな人と山里に出会えた一日を、おっきん!!

MOH通信編

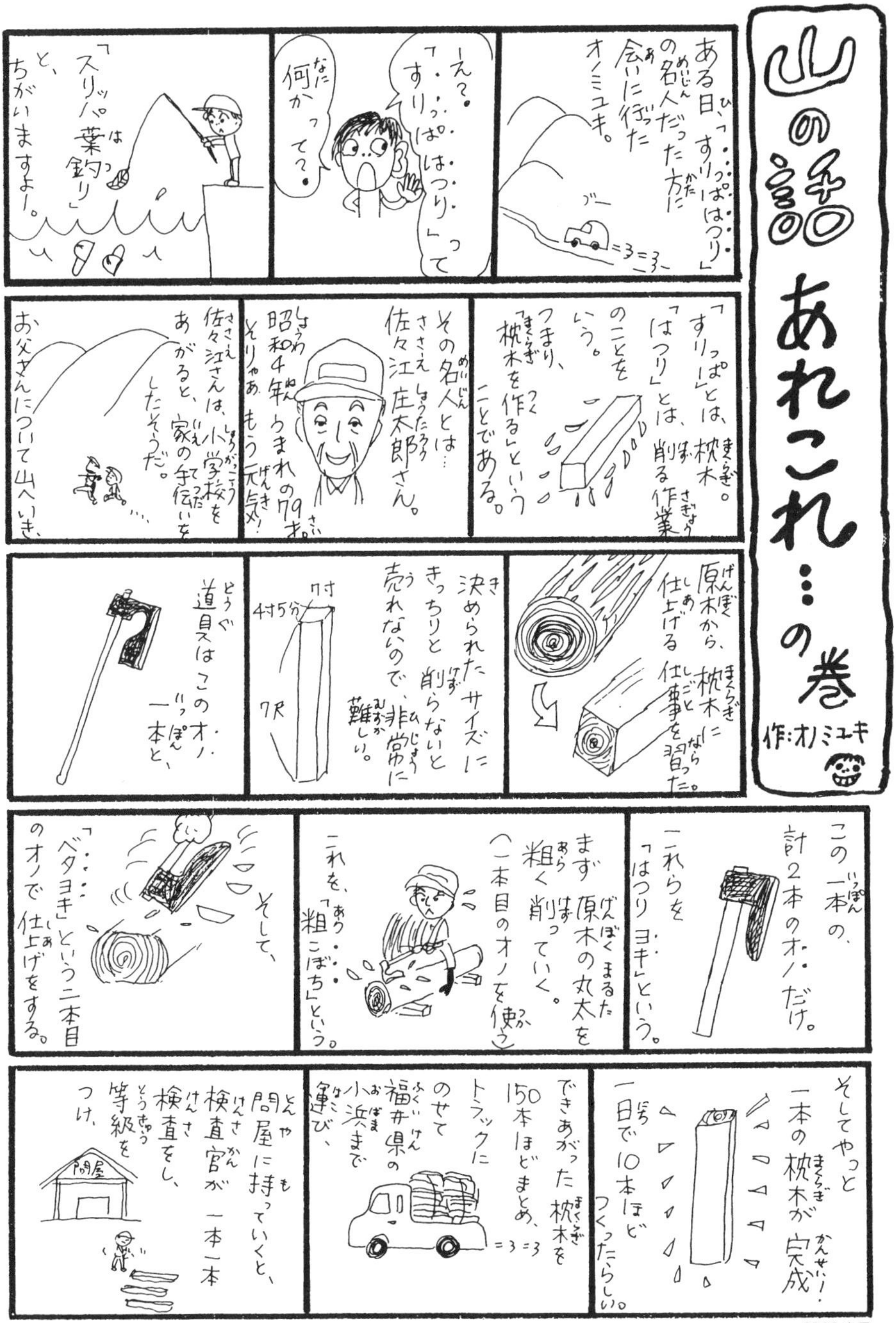
山の話
あれこれ…の巻
作:オノミユキ
ある日《ひ》、「す・り・っ・ぱ・は・つ・り」の名人《めいじん》だった方《かた》に会《あ》いに行《い》ったオノミユキ。
ブー
=3=3
え?「す・り・っ・ぱ・は・つ・り」って
何《なに》かって?
「スリッパ葉釣《はつ》り」と、ちがいますよ!。
「すりっぱ」とは、枕木《まくらぎ》。「はつり」とは、削《けず》る作業《さぎょう》のことをいう。
つまり、「枕木《まくらぎ》を作《つく》る」ということである。
その名人《めいじん》とは…佐々江《ささえ》庄太郎《しょうたろう》さん。
昭和《しょうわ》4年《ねん》うまれの79才《さい》。そりゃあ、もう元気《げんき》!
佐々江《ささえ》さんは、小学校《しょうがっこう》をあがると、家《いえ》の手伝《てつだ》いをしたそうだ。
お父さんについて山へいき、
原木《げんぼく》から、枕木《まくらぎ》に仕上《しあ》げる仕事《しごと》を習《なら》った。
決《き》められたサイズにきっちりと削《けず》らないと売《う》れないので、非常《ひじょう》に難《むずか》しい。
7寸
4寸5分
7尺
道具《どうぐ》はこのオ・ノ・一本《いっぽん》と、
この一本《いっぽん》の、計2本のオ・ノ・だけ。
これらを「はつりヨキ」という。
まず原木《げんぼく》の丸太《まるた》を粗《あら》く削《けず》っていく。
(一本目のオノを使《つか》う)
これを、「粗《あら》こ・ぼ・ち」という。
そして、
「ベ・タ・ヨ・キ」という二本目のオノで仕上《しあ》げをする。
そしてやっと一本の枕木《まくらぎ》が完成《かんせい》!
一日《にち》で10本ほどつくったらしい。
できあがった枕木《まくらぎ》を150本ほどまとめ、トラックにのせて福井県《ふくいけん》の小浜《おばま》まで運《はこ》び、
=3=3
問屋《とんや》に持っていくと、検査官《けんさかん》が一本一本検査《けんさ》をし、等級《とうきゅう》をつけ、
問屋

2008.春号

手当《てあ》てがもらえたそうだ。
「すりっぱはつり」は職人《しょくにん》仕事《しごと》だったため、
そりゃあ一本1000円〜1500円
で、売《う》れるものもあったから、日当《にっとう》300円の山仕事《しごと》よりも稼《かせ》ぎはよかった。
という佐々江さん。
しかし、
ほんでも、学校あがってすぐはうまくできんので練習《れんしゅう》して練習して…。辛《つら》かったで。
という苦労《くろう》もある。
そんな話《はなし》を横《よこ》でうなずきながら聞《き》いていた、中本美代次《なかもとみよじ》さんは、昭和《しょうわ》7年うまれの75才。
そや そや
このふたりは3〜4才ほどしか離《はな》れていないが、山の仕事《しごと》の内容《ないよう》は全《まった》く異《こと》なる。
佐々江さんは、材木《ざいもく》を売《う》る仕事《しごと》ひと筋《すじ》だったのに対《たい》し、
中本さんは植林《しょくりん》、炭焼《すみや》き、田んぼ…と、かけもちをしていた。
そらァ佐々江さんとわしの時代《じだい》はちがうで。
そや。わしらぐらいまでは、材木《ざいもく》の仕事だけで食べていけたしな。
材木一本
炭焼き一本
戦後…
造林・炭焼き 田んぼ
今… ?
へぇー。
林業《りんぎょう》は昔から移《うつ》りかわってたんだ
あーやこーやと山の話をしているか、と思うと…
そやけどの才、○○んとこのヨメさんは男好《ず》きでのー
へぇー
そやそや
ほんでそこの娘《むすめ》がどーのこーのあそこのヨメさんがあーのかーの…
……なんかどんどん話がそれて、
そやそや
山の話だけでなく、ムラの話もいっぱい聞いてしまった。
ま、いいか
得《とく》(?)した気分《きぶん》。
ムラの話はともかく、昔《むかし》の山の話ができる人が、少なくなってきたので、ぜひ、いろいろな人に知ってほしいと思う。
そこで…オノミユキの勤務先、高島森林体験学校《たかしましんりんたいけんがっこう》では、山の昔話をきく会を、春にひらく予定です。このおふたりの他にも地元の方を招き、山里料理をたべながら山のはなしをききませんか。

詳しくは…メール、Tel. faxで。 takashimanomori@zb.ztv.ne.jp
Tel/fax 0740-38-2527

雪が与えた林へのダメージの巻
今回はちょっとマジメなおはなしだョ!
作:オノミユキ
それは、平成20年の12月26日から27日にかけてのことであった…
それまで、全く《まった》雪の降《ふ》る気配《けはい》のなかった杤木に、
今年は雪がふらないねー
どどーんと雪《ゆき》が降《ふ》ってきて、
どどーんと、一晩《ひとばん》で60cmほども積《つ》もった。
1m
60
しかも、水分を多く含んだ、湿った重たい雪!
お…おもい
べたべた雪は、スコップにくっついて雪かきしにくい!
はなれない!
でも、そんなことは大きな問題《もんだい》ではなかった。
重《おも》たい雪が、木の上にのっかり、
ポキリと折《お》れてしまったのだ。

2009.秋号

道路脇《わき》の木が折れると
電線《でんせん》にひっかかり
電線を切ってしまうのだ!
プチッ
当然《とうぜん》…
停電
やみの中での夕食…
何を食べているのかよくわからない…
電気は翌日の夕方には復帰《ふっき》したが…、
パッ
パッ
朽木の林は
とんでもない事態《じたい》になっていた!
OH! NO!
まず、スギの木はポキポキに折れていて
針《はり》のような林になっている!
折れずに残った木の方が少ないぐらいの所も。
また、マツの木も、まわりの木をなぎ倒しながら折れていたり、
根《ね》っこからひっくり返っていたり。

林を歩いていると、
バキッ
メリッ
という音がきこえることもある。
オノミユキの勤《つと》める「くつきの森」も林の被害《ひがい》を多く受け
雪がとけた頃、偵察《ていさつ》に行ってみた。
そこで目にした光景は…
ああ…なんてこった…
遊歩道《ゆうほどう》はメチャメチャ
土がえぐ・れて穴になってしまった所もあった。
さて、どんな樹木《じゅもく》が一番被害《がい》を受けたのか、というと…
まずはスギ。特《とく》に、天然ではなく、人工的に植えられたスギがよく折れた。
同じく人工的に植えられたヒノキも折れたが、スギよりしなりがあるので、スギほど折れていなかった。
次にアカマツ。マツ枯れで弱りかけていたマツがよく折れた。
そしてソヨゴ。広葉樹の中で、一番よく折れた。
これらの樹木に共通していることは…
フムフム…

常緑《じょうりょく》…、つまり
葉を一年中つけている
木であること。
こちら落葉樹
葉がついていると
雪をのせる面積《めんせき》が
広くなる。
おもい
重さに耐《た》えきれず
折れてしまったわけ。
もうダメ…
昔から朽木《くつき》は雪が
とても多かった。
なのに、
こんなひどい林に
なるなんて
初めて。
と、いう。
地球温暖化《ちきゅうおんだんか》で、
降雪量《こうせつりょう》〜〜〜
は、同じく
でも、
その
質《しつ》が
変わってきたのか…、
人が山の手入れをしな
くなったから、
人工林の木々が弱くなった
のか…
ヒョロヒョロ~
爆発的《ばくはつてき》に増《ふ》えたシカ
が、下草を食《た》べつくし、
草や低木の生えない
林の木々は根の力が
弱く
なった
のか…。
いろいろな原因が考え
られる…。
(注)
これはオノミユキの推察《すいさつ》
デス！
みなさん！冬は
寒《さむ》くて冷たいものです！
寒くてこごえそうな冬
を待ちましょう。
今年の冬は
ぐーっと冷えますように！

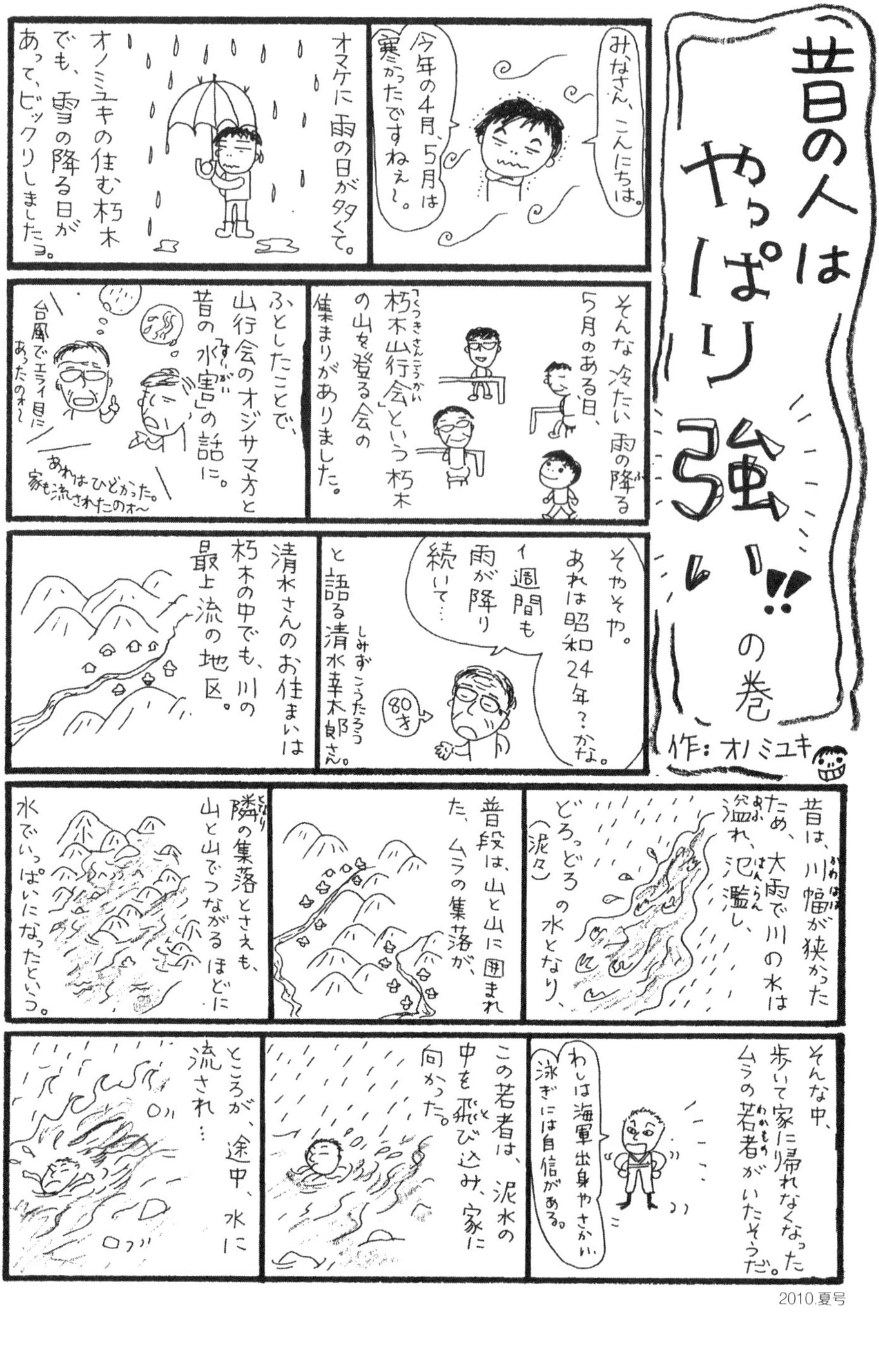

昔の人はやっぱり強い!!の巻
作:オノミユキ
みなさん、こんにちは。
今年の4月、5月は寒かったですねぇ~。
オマケに雨の日が多くて。
オノミユキの住む朽木でも、雪の降る日があって、ビックリしましたヨ。
そんな冷たい雨の降《ふ》る5月のある日、
「朽木山行会《くつきさんこうかい》」という朽木の山を登る会の集まりがありました。
ふとしたことで、山行会のオジサマ方と昔の「水害《すいがい》」の話に。
台風でエライ目にあったのォ~
あれはひどかった。家も流されたのォ~
そやそや。あれは昭和24年?かな。
1週間も雨が降り続いて…
80才
と語る清水幸太郎《しみずこうたろう》さん。
清水さんのお住まいは朽木の中でも、川の最上流の地区。
昔は、川幅《かわはば》が狭かったため、大雨で川の水は溢《あふ》れ、氾濫《はんらん》し、
どろっどろ(泥々)の水となり、
普段は、山と山に囲まれた、ムラの集落が、
隣《となり》の集落とさえも、山と山でつながるほどに
水でいっぱいになったという。
そんな中、歩いて家に帰れなくなったムラの若者《わかもの》がいたそうだ。
わしは海軍出身やさかい泳ぎには自信がある。
この若者は、泥水の中を飛《と》び込み、家に向かった。
ところが、途中、水に流され…

2010.夏号

隣の集落の山に流れつき、
そのまま山裾《すそ》を歩いて家に帰ったらしい。

アイツは無茶《むちゃ》なことをしたもんやで。

と、言う清水さんだって…、
しかし、雨で増水《ぞうすい》するとアユをとりに行ったのぅ。

そやそや
水が増えると、アユが川の浅瀬《あさせ》に寄《よ》ってくるらしい。

大雨の中をそのアユをすくいに行ったらしい。

そんなの、危ないじゃないですか!!

そんなもん、30匹も40匹もとれるんや。おもろいもんや。

危ない言うとる場合とちゃう!

確《たし》かに、川に流されて亡《な》くなる方も多かったらしいが。

昔の人はたくましいというか無茶、というか……

水害の時、どうやって飯《めし》を炊《た》いたんや?って、若い子に聞かれたけど、あの頃はガスも水道も電気《でんき》もなかったんや。

そんなもん、普段から薪《まき》で飯《めし》を炊いとる生活やし、湿っとる薪《まき》で火を起《おこ》すくらい何てことない。

水害で飲み水どうしたか、やら食いもんどうしたか、やら、今の発想《はっそう》はそうかもしれんが、わしらにとっては水害の時も普段《ふだん》も同じや。

ガハハハハハ
ヒョエ〜

大したもんですぅ〜

昔の生活は、というと、電灯はランプやろうそく。ガスは薪や炭。水道水は川の水。というスタイルだったんだから、今のように"ライフラインがストップすると困る"というのはないわけだね。

朽木に住んでいる我が家も、災害に備えて、万全の体制を!!

ヤサイヅクリ!

昔の人に習って!

マキワリ!

どんとこい!災害!!

…とは思わないけど、「山暮らしいざというとき便利だよ」一句できた♡

MOH通信編

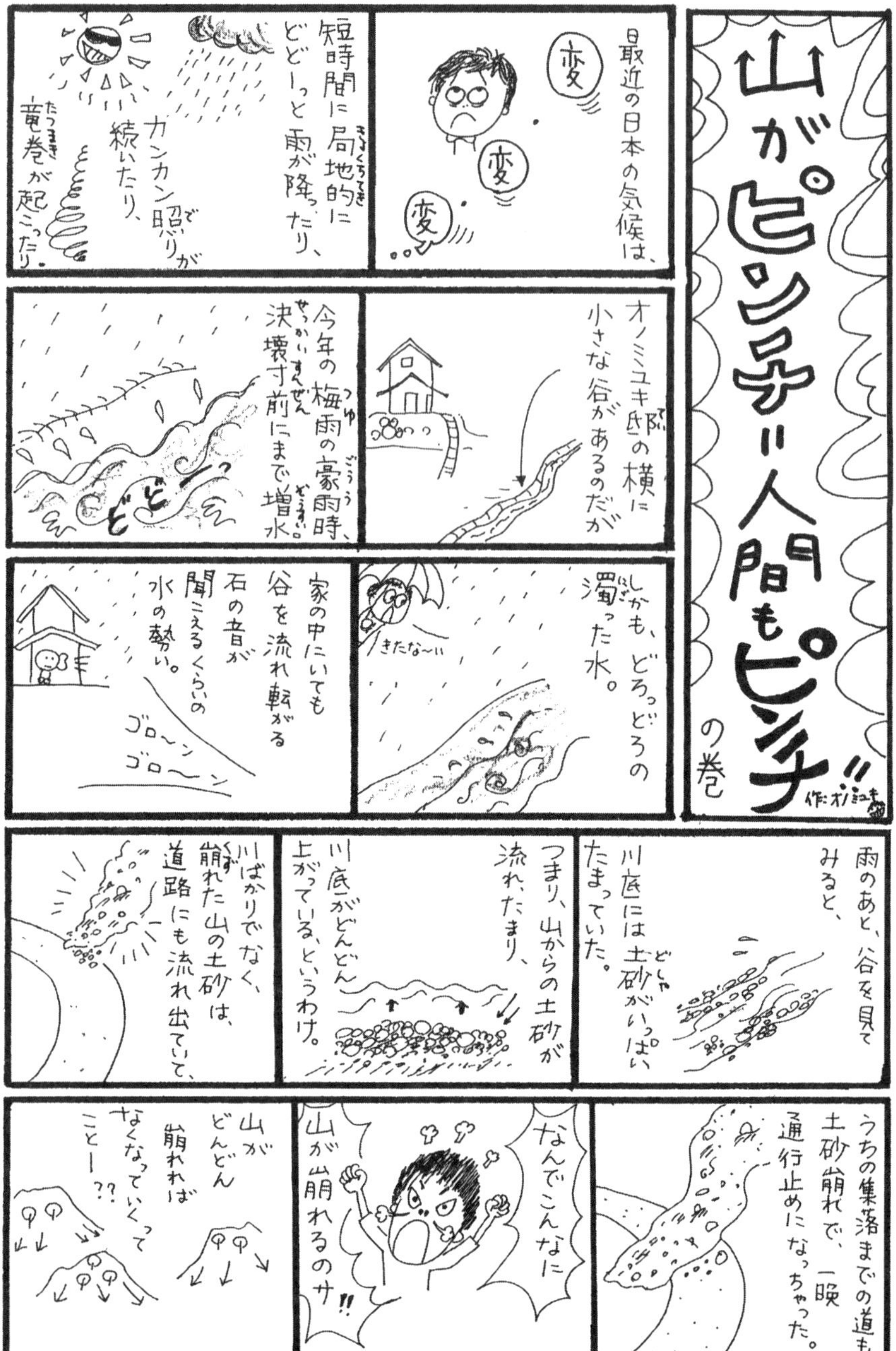
山がピンチ!!人間もピンチ!!の巻
作:オノミユキ
最近の日本の気候は、
変
変
変
短時間に局地的《きょくちてき》に
どどーっと雨が降ったり、
カンカン照《で》りが続いたり、
竜巻《たつまき》が起こったり。
オノミユキ邸《てい》の横に
小さな谷があるのだが
今年の梅雨《つゆ》の豪雨《ごうう》時、
決壊《せっかい》寸前《すんぜん》にまで増水《ぞうすい》。
どどーっ
しかも、どろっどろの
濁《にご》った水。
きたな〜い
家の中にいても
谷を流れ転がる
石の音が
聞こえるくらいの
水の勢い。
ゴロ〜ン
ゴロ〜ン
雨のあと、谷を見てみると、
川底には土砂《どしゃ》がいっぱい
たまっていた。
つまり、山からの土砂が
流れ、たまり、
川底がどんどん
上がっている、というわけ。
川ばかりでなく、
崩《くず》れた山の土砂は、
道路にも流れ出ていて、
うちの集落までの道も
土砂崩れで、一瞬
通行止めになっちゃった。
なんでこんなに
山が崩れるのサ!!
山が
どんどん
崩れれば
なくなっていくって
こと――??

2010.秋号

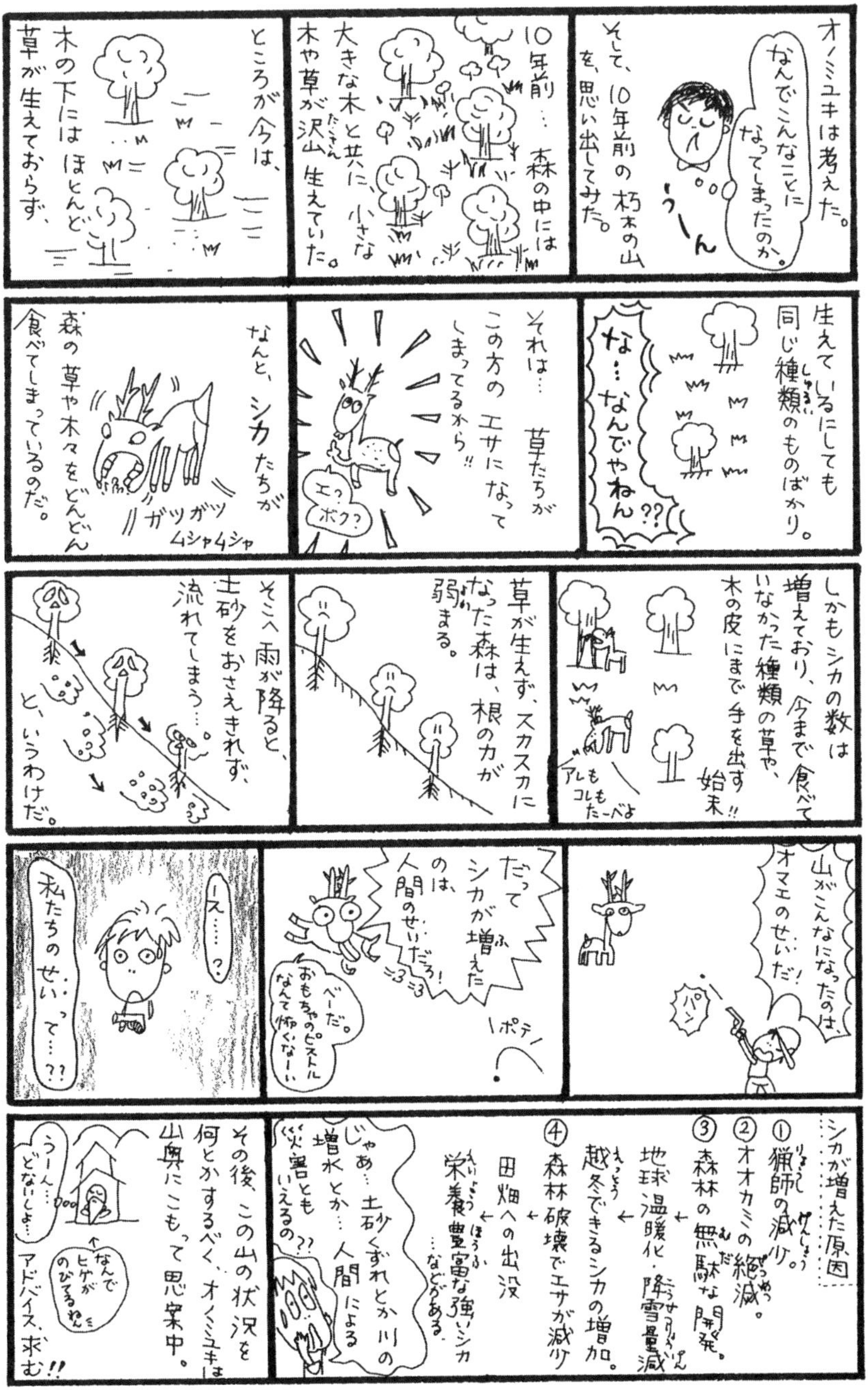
オノミユキは考えた。
なんでこんなことになってしまったのか。
うーん
そして、10年前の朽木の山を、思い出してみた。
10年前…森の中には大きな木と共に、小さな木や草が沢山《たくさん》生えていた。
ところが今は、木の下にはほとんど草が生えておらず、
生えているにしても同じ種類《しゅるい》のものばかり。
な…なんでやねん??
それは…草たちがこの方のエサになってしまってるから!!
エッ?ボク??
なんと、シカたちが森の草や木々をどんどん食べてしまっているのだ。
ガツガツ
ムシャムシャ
しかもシカの数は増えており、今まで食べていなかった種類の草や、木の皮にまで手を出す始末!!
アレもコレもたーべよ
草が生えず、スカスカになった森は、根の力が弱《よわ》まる。
そこへ雨が降ると、土砂をおさえきれず、流れてしまう…。
と、いうわけだ。
山がこんなになったのは、オマエのせいだ!
パン
だってシカが増《ふ》えたのは、人間のせいだろ!
=3 =3
べーだ。おもちゃのピストルなんて怖くなーい
ポテ
えー…?
私たちのせいって…??
シカが増えた原因
①猟師《りょうし》の減少《げんしょう》。
②オオカミの絶滅《ぜつめつ》。
③森林の無駄《むだ》な開発。
← 地球温暖化・降雪量減《こうせつりょうげん》 ← 越冬《えっとう》できるシカの増加。
④森林破壊でエサが減少 ← 田畑への出没 ← 栄養《えいよう》豊富《ほうふ》な強いシカ
…などがある。
じゃあ…土砂くずれとか川の増水とか…人間による災害ともいえるの??
その後、この山の状況を何とかするべく、オノミユキは山奥にこもって思案中。
うーん…どないしよ…
↑なんでヒゲがのびてるねん
アドバイス、求む!!

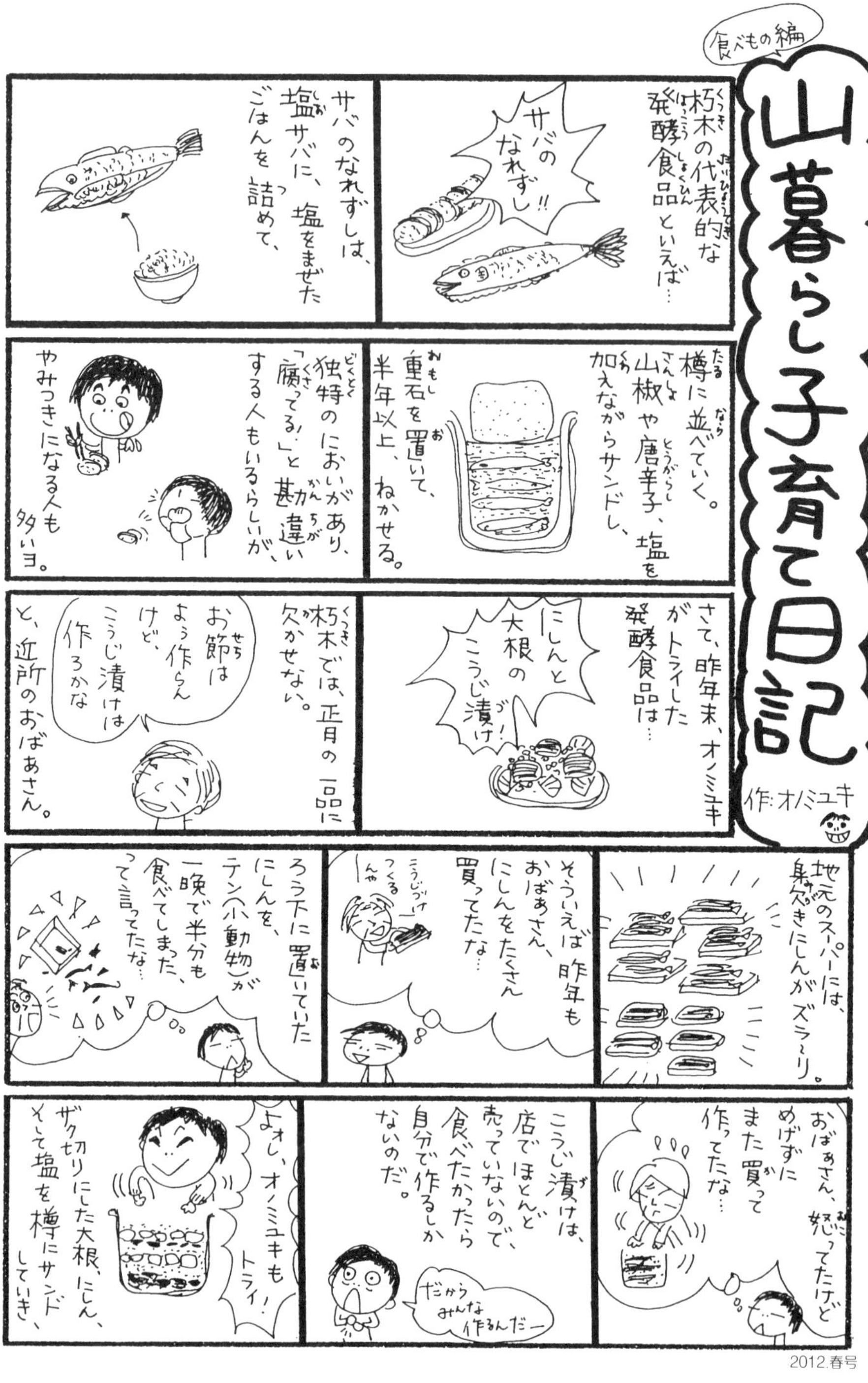
食べもの編
山暮らし子育て日記
作:オノミユキ
朽木《くつき》の代表的《だいひょうてき》な発酵食品《はっこうしょくひん》といえば…
サバのなれずし!!
サバのなれずしは、塩《しお》サバに、塩をまぜたごはんを詰《つ》めて、
樽《たる》に並《なら》べていく。山椒《さんしょ》や唐辛子《とうがらし》、塩を加《くわ》えながらサンドし、
重石《おもし》を置《お》いて、半年以上、ねかせる。
独特《どくとく》のにおいがあり、「腐《くさ》ってる!」と勘違《かんちが》いする人もいるらしいが、
やみつきになる人も多いヨ。
さて、昨年末、オノミユキがトライした発酵食品は…
にしんと大根のこうじ漬《づ》け!
朽木《くつき》では、正月の一品に欠《か》かせない。
お節《せち》はよう作らんけど、こうじ漬けは作ろかな
と、近所のおばあさん。
地元のスーパーには、身欠《みが》きにしんがズラ~リ。
そういえば昨年もおばあさん、にしんをたくさん買ってたな…
こうじづけつくるんや
ろう下に置《お》いていたにしんを、テン(小動物)が一晩で半分も食べてしまった、って言ってたな…
おばあさん、怒《おこ》ってたけどめげずにまた買《か》って作ってたな…
こうじ漬《づ》けは、店でほとんど売っていないので、食べたかったら自分で作るしかないのだ。
だからみんな作るんだー
よぉし、オノミユキもトライ!
ザク切りにした大根、にしん、そして塩を樽にサンドしていき、

2012.春号

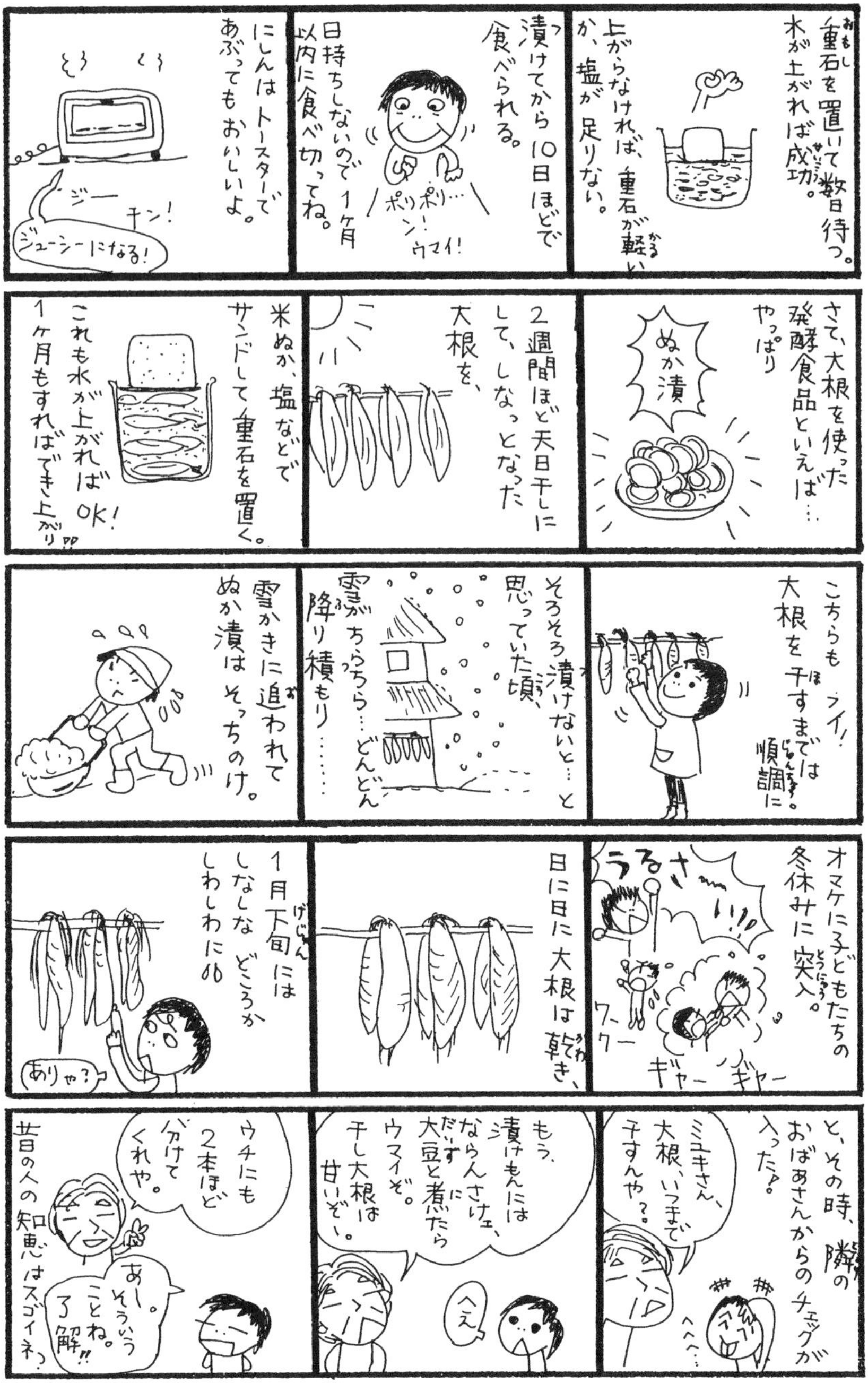

重石《おもし》を置いて暫待つ。
水が上がれば成功。
上がらなければ、重石が軽《かる》いか、塩が足りない。
漬《つ》けてから10日ほどで食べられる。
日持ちしないので1ヶ月以内に食べ切ってね。
ポリポリ…
ン!
ウマイ!
にしんはトースターであぶってもおいしいよ。
ジー
チン!
ジューシーになる!
さて、大根を使った発酵食品といえば…やっぱり
ぬか漬
2週間ほど天日干しにして、しなっとなった大根を、
米ぬか、塩などでサンドして重石を置く。
これも水が上がればOK!
1ヶ月もすればでき上がり!!
こちらも
ライ!
大根を干《ほ》すまでは順調に。
そろそろ漬《つ》けないと…と思っていた頃、
雪がちらちら…どんどん降り積もり……
雪かきに追《お》われてぬか漬はそっちのけ。
オマケに子どもたちの冬休みに突入《とつにゅう》。
うるさ～い!!
ワーワー
ギャーギャー
日に日に大根は乾《かわ》き、
1月下旬《げじゅん》にはしなしなどころかしわしわに
ありゃ?
と、その時、隣のおばあさんからのチェックが入った。
ミユキさん、大根、いつまで干すんや?
へへへ…
もう、漬けもんにはならんさけェ、大豆《だいず》と煮たらウマイぞ。
干し大根は甘いぞい。
へぇ
ウチにも2本ほど分けてくれや。
あー。そういうことね。了解!!
昔の人の知恵はスゴイネ?

MOH通信編

いっぷくコラム

山村生活　衣食住＋おまけ 火 水

春……

花粉症の方はマスクが必須です。かなりの濃度のヒノキとスギの花粉と共に生活しなければなりません。

ラッキーなことに、我が家は誰も花粉症ではありません。

わたしたちは
子をふやすために
バラまいているのだ～
そ…そりゃ
わかるけど…

夏……

日中はほぼ街中と気温は変わりませんのでかなり暑いです。

朝晩は真夏でも涼しく、服は半袖半ズボンで過ごせますが、布団は1年中同じかけ布団を使っています。

秋～冬……

急に寒くなりますので、重ね着しています。

ダーリンは、秋口から長そでシャツの上にフリースを2枚着る、という妙な格好をしています。

雪が降ると寒いけれど、雪かきをすると汗ダラダラ。

移住当初はタイツが必須、靴下も重ね履きしていましたが、今は一枚で過ごせるようになりました。

暮らしの中で、畑仕事や薪割りなど、汚れる仕事が多いので、主婦の私も「作業着」を決めてあります。多少汚れてもこれなら安心。

道をおたずねしますが…
あ…
女や

ハイハイ
ボロッ

食

春…………………

雪が残り少なくなる3月下旬ごろ、渓流釣りが解禁となります。イワナ、アマゴが放流されます。昔はもちろん天然の川魚ばかりでした。釣れた魚は、醤油で炊いて食べます。山椒の実を入れることもあります。私は塩焼きが一番好き。

雪解けとともにフキノトウが顔を出します。味噌と砂糖で煮詰めて作る「フキ味噌」はご飯の友に最適！

渓流に生えるワサビは、葉っぱと花を細かく切って甘酢漬けにします。

その他、ゼンマイ、フキ、タラの芽など、定番の山菜はやっぱりおいしい。でも、イノシシやシカがほとんど食べてしまって、栽培しないと食べられなくなってしまいました。ワラビはアクが強いからか食べられずに残っています。

夏…………………

ミョウガの芽を味噌汁に入れるとおいしい。

キュウリ、ナスなどの夏野菜をぬか床に2～3日漬けて作る「どぼ漬け」はお茶うけにぴったり。

タマネギが採れると鯖の水煮の缶詰と一緒に炊く。これは私はちょっと苦手。

かぼちゃが採れると、小豆と炊いて「いとこ煮」に。

7月頃、安曇川でのアユ釣りが解禁になります。アユ釣りの様子は夏の風物詩。

たまに
おばけみたいな
キュウリやナスビも…!!

少なくなりましたが、しかけを使ってウナギを釣ることもできます。

秋…………………

秋ミョウガ、といわれる晩生のミョウガの季節です。薬味はもちろん、甘酢漬け、奈良漬風、味噌汁に。キュウリと赤紫蘇で自家製しば漬けもできます。

天然ナメコは味噌汁にすると最高！

9月いっぱいで渓流釣りは全面禁漁となります。

ピカピカ新米
も
サイコウ!

冬……

12月初めには天然のヒラタケがとれます。なべ物やバター焼きがおいしい。

渋柿を干して干し柿に。串に刺して作って串柿はお正月のお飾りに使います。

大根を縦に切って軒下につるしておくと、自家製切干大根ができます。

大根と赤カブを干しておき、ぬかと塩で漬けて「ぬか漬け」にします。

年明けから漬物として食べられます。

3月頃まで残ってしまった古漬けは、水につけて塩出しし、半月切りにしてかつおだしとしょうゆとみりんで炊いて食べます。これを「ぜいたく煮」といいます。

雑魚《ザコ》に脂がのっている季節。しかけや網で捕って、醤油と砂糖で佃煮風にします。これがめちゃウマイ！　どうやらカワムツ、アブラハヤ…といった小さな川魚たちのようですが、この辺りではまとめて「クソモツ」と言っています。

春～夏……

ふわっと春の風が入ってくると、窓を全開にしてその空気を楽しみます。ただ、花粉症の方にとっては地獄の春かも。

そして、びっくりすることに、日中ぎらぎらと日が照って暑くても、家の中はひんやり。もちろんエアコンは不要です。

秋～冬……

隙間だらけの昔の家はさむ～い。しかも、カメムシが大量に入ってきてしまう。

雪が積もると、屋根雪の重さで扉の開け閉めが困難になることも。

雪に強い家づくりがかなり重要です。

雪かきを怠ると、屋根や軒を痛めてしまうので雪かきはマメにしましょう！

おまけ

衣食住も大切ですが、何より火と水がなければ人間は生きていけません。
山村暮らしをすると、火と水との付き合い方や大切さが身にしみてわかるのだ！

火

我が家は薪風呂。昔はどの家庭でも薪で風呂を沸かしたそうですが、木地山では、薪風呂の家庭は我が家を含めて3軒。薪の確保や沸かすのに時間がかかって大変ですが、炎を見るとほっとします。

スギ、ヒノキは火付きはいいが火持ちがしない。クリは割れやすいが水分が多いため、数年乾かさないと燃えない。ナラ類は、切ってすぐだと割りやすいが乾かすと割りにくい。火持ちがいいので、薪としては上物。

風呂の小屋は、火事を出す恐れがあるので、たいていは母屋から離れた川のそばに建てる。うちの風呂も谷川のそばにある。長男が0歳の時、薪の入れすぎでボヤを起こしたことがあります。近所のおじさんが池の水で消火してくれたが、うっかり呼んでしまった消防車が3台も駆けつける騒ぎに。風呂が別棟でよかった～と思いましたが、「今まで木地山で火事が起こったことはない」と言われ申し訳ない気持ちになってしまいました。

●火と付き合う上で大切なこと

無茶しない

水

昔はもちろん川の水を汲んで使っていましたが、今は簡易水道設備が整い、各家に水道をひくことができます。うちの横の谷には、川べりまで下りて水を汲んだり食器を洗ったりしていた石段が残っています。断水しても、

水がなくて困ることはなく、非常においしい水が年中いただけます。

ただ、豪雨の時、川がみるみる増水して濁流となる姿を見ると恐ろしくなります。瞬く間に姿を変える水。優しくもあり厳しくもあります。

このように、山村で暮らすとガスや水道が止まっても、火と水の確保ができます。

うちは灯油のファンヒーターで暖をとっていますが、囲炉裏や薪ストーブを使うと、万が一電気が止まっても困ることはないでしょう。

現に、朽木は台風や大雪などで停電することがあります。

電気、水道、ガスはなければ困りますが、他力に頼らず自力でそれらを確保できるようにしておくことの方がもっと大切な気がするのです。

そして、それが山村では可能なのであります!!

毎日新聞

「オノミユキの栃木に来やんせな！」

掲載分

ここからは、2006年8月〜2011年12月に

毎日新聞に掲載されたマンガです。

朽木コトバはやっぱり難しい！の巻

作：オノミユキ
スタート
オノミユキもダーリンも、朽木《くつき》うまれではない。
東京《とうきょう》育《そだ》ち
旧志賀町《きゅうしがちょう》育《そだ》ち
だから朽木《くつき》の人《ひと》のしゃべるコトバはわからなそ〜い
??
例《たと》えば、このマンガの題名《だいめい》も…、
ちょっと、あんたもきゃんせな。
イミ：「来《き》たら？」とか「来なさい」
それから…
あれ？おばさんは？
おう。もういんだぞ。
イミ：「帰《かえ》った」
他《ほか》にも…
あんた、あの家《いえ》いくらでかってるんや？
イエイエ
買《か》ってません
イミ：「借《か》りてる」
もっとあるよ。
昨日《きのう》の雨《あめ》はおどいもんやった
イミ：「恐《おそ》ろしい」
オドイ？
オドイ？
まだまだあるよ。
あんたは何《なん》でもしかねんの〜。ひどいもんや。
バカにしてる？「ひどい」ってひどい…
ちょっと解説《かいせつ》
普通《ふつう》、「しかねる」＝「できない」だが、朽木《くつき》コトバでは「できる」となる。「ひどい」は「すごい」という意味《いみ》なので、「あんたは何《なん》でもできるな。すごいな」となる
これはおもろいよ。
オノミユキは朽木《くつき》に住《す》んでもう10年目《ねんめ》。
もう朽木《くつき》コトバもマスターしたわい。
ふふふっ
と、思《おも》っていたが…
ペラ ペラ ペラ ペラ ペラ ペラ
ミユキさんっ
のう。
え
地元《じもと》のおばあさん同士《どうし》の会話《かいわ》はちんぷんかんぷん。
まだまだ修業《しゅぎょう》が足《た》りまへ〜ん
おてあげ〜

2006.8.30

若者が「ワシ（僕）」、女性が「そうけ〜（そうなの）」と言うのにはビックリしました。

また、妻のことを「うちのオバサン」、男児を「ボン」、女児を「ビイ」、祖父母を「まごじさん」、「まごばさん」と言います。誰のことを指《さ》しているのかわからなくなることも。

私がマネしてもアクセントが違います。「おおきに」を「おっきん」。「あのなー」と「あのンなー」というアクセントは、朽木育ちの人独特です。

私の主人は東京生まれの東京育ち。息子は朽木生まれの朽木育ち。わが家はおかしなアクセントが飛び交っています。

夏の虫、いろいろ

作:オノミユキ

夏《なつ》といえば虫《むし》とり!!
ころころ
虫《むし》の王者《おうじゃ》といえば、やっぱ。
カブトムシ 対《たい》 V.S. クワガタムシ!!
クワガタばっかりの年《とし》と、カブトばっかりの年《とし》とがあったなー
と話《はな》す、朽木《くつき》木地山《きじやま》育ちのおじさん。
今年《ことし》はクワガタが、我《わ》が家《や》によく訪問《ほうもん》にきた。
オノミユキの職場《しょくば》、「くつきの森《もり》」でもクワガタをよく見《み》かけた。
うーん、なにクワガタかなー
と、調《しら》べていると、
あ、こいつはゲンジや
と、朽木《くつき》のおっちゃん。
は?ゲンジクワガタ?
そんなんないで
えーと、こっちはウシや
なんじゃそりゃ
どうやら、「ノコギリクワガタ」のオスを「ゲンジ」、メスを「ウシ」と呼《よ》ぶらしい。
また、「ヒラタクワガタ」のオスを「ベタ」、「ミヤマクワガタ」のオスを「ヘイケ」って言うんだって。
スゴイ。クワガタにも朽木《くつき》コトバ発見《はっけん》!!
ふーん

2006.9.13

暑い夏ももうすぐ終了。8月初旬は、布団をかぶって寝るほど涼しかったのに、中下旬は「熱帯夜かな?」と思う程暑い夜。でも都会に比べたら大したことないですね。

今はバッタ、コオロギ、ウマオイが家をうろうろ。カンタンの「ロロロ…」という幻想的な声を聴くともう秋。季節を虫の声で感じられるって嬉しいことです。自然いっぱいの朽木で育っている4歳の息子。「虫好きな子でしょう」と言われますが、私が触《さわ》れと促《うなが》しすぎ、ウマオイに噛《か》まれてからバッタもつかめなくなってしまいました。でも「そろそろカメムシが出てくるね」と一言。彼もそれなりに山暮らしに馴染《なじ》んできたのかな。

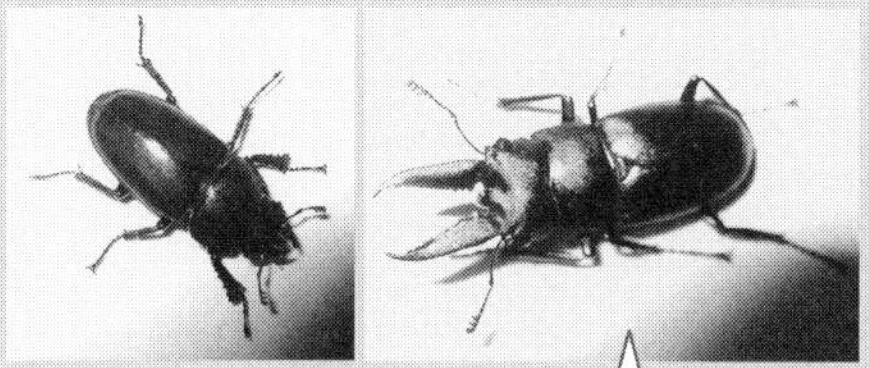

みんな大好き。クワガタのとオス(右)メス(左)

あったかい雰囲気、朽木保育園

作:わミユキ

今回《こんかい》は、朽木人間《くつきにんげん》、
山口友恵《やまぐちともえ》さんを紹介《しょうかい》します。
友恵《ともえ》先生《せんせい》は、ウチの息子《むすこ》の通《かよ》う
朽木《くつき》保育園《ほいくえん》の先生《せんせい》。
朽木保育園《くつきほいくえん》は園庭《えんてい》も広《ひろ》く、
木《き》のぬくもりいっぱい。
実《じつ》は先生《せんせい》も朽木保育園《くつきほいくえん》卒園生《そつえんせい》。
建《た》てものは今《いま》のものとはちがうけど、
愛着《あいちゃく》はあるみたい。
ともえ先生《せんせい》は人気者《にんきもの》。
いつも子《こ》どもに囲《かこ》まれて、笑《え》顔《がお》いっぱいだが…
コーらっ!!
怒《おこ》ることもある。
でも子《こ》どもの話《はなし》をしっかりきいてくれるし、
どうしたかったの？
メメくんは、こうしたいんやって。
親《おや》の話《はなし》もきいてくれる、
若《わか》いけど頼《たよ》りになる。
先生きいて〜
どうしはったん？
いつも全力投球《ぜんりょくとうきゅう》で保育《ほいく》している友恵《ともえ》先生《せんせい》。
夕方《ゆうがた》、お迎《むか》えにいくと、
お母《かあ》さん、ご苦労様《くろうさま》
カミの毛ボサボサ…
先生、嫁《よめ》いり前《まえ》なのに
でももうすぐ結婚《けっこん》しちゃうんだー。
オメデトー
涙《なみだ》もろい友恵《ともえ》先生《せんせい》。
鼻《はな》を真《ま》っ赤《か》にして涙《なみだ》流《なが》さないでね！
お幸《しあわ》せにー!!

2006.9.27

朽木保育園は木の温もりがいっぱい。床や扉、教室の札やタオル掛け、引き出しまで木製です。また、木のおもちゃがたっぷり！　これは、どういう環境で保育するべきか、と先生方が考え、勉強して整えてくださったのです。

子育ては親の義務です。でも、保育園や地域に頼りながら育てることも必要です。子育てのコツを仲間や先輩に聞くことを恥ずかしがらないことが必要ですし、育てやすい地域社会を創ることが、少子化を防ぐ対策だと思います。

朽木保育園は親にも子どもにもありがたい保育園だと感謝しています。

お餅大好き　朽木っ子

作：オノミユキ

ある日《ひ》の夕方《ゆうがた》、造《つく》りかけの家《いえ》の前《まえ》に人《ひと》だかりが…
実《じつ》は新《あたら》しいお家《うち》の建《た》て前《まえ》の式《しき》が行《おこな》われていた。
家《いえ》の主《あるじ》は、オノミユキがずっとお世話《せわ》になっている、散髪《さんぱつ》屋《や》の玉垣《たまがき》さん。新《あたら》しく、息子《むすこ》さん夫婦《ふうふ》が開店《かいてん》するのだ。
ムスコは遊ばせてもらってる
雨《あめ》がパラつく中《なか》、なんでみんな集《あつ》まるのか…？
この後《あと》、餅《もち》まきがあるからだ！
ふってくる餅《もち》に、大人《おとな》も子《こ》どもも大《おお》はしゃぎ！
ワーッ
特《とく》におばあさんはスゴイ！
あれ？足腰《あしこし》痛《いた》いって言ってたのに…？
せっせ
せっせ
なぜ建《た》て前《まえ》に餅《もち》をまくのか？というと、はっきりした理由《りゆう》はわかりませんが、お祝《いわ》いごとに、餅《もち》やだんごをまく習慣《しゅうかん》は、全国《ぜんこく》的《てき》にあるようです。
餅《もち》のあとは、バナナ、茄子《なす》、大根《だいこん》…と、お供《そな》えもの全《すべ》てまく。何《なん》でもありや！
カサをさかさにしてうけとる人
なんと鯛《たい》まで！
めでタ～イ♡
最後《さいご》には鏡餅《かがみもち》。これを拾《ひろ》った人《ひと》は、次《つぎ》に家《いえ》を建《た》てる、と言《い》われている。
わー
でかーい
さて、めでタイを拾《ひろ》ったのは…、前回《ぜんかい》紹介《しょうかい》した山口友恵《やまぐちともえ》さんの母上《ははうえ》でした。よかったね！
娘《むすめ》の祝《いわ》いごとに…♡

2006.10.11

建て前の日を掲示するわけでないのに大勢の人が集まる。…口コミです。朽木はあんなに広いのにうわさでアッという間に人が集まるのです。

雨の中を待ちに待ち、雨がやんだその時、ついに餅がまかれ賑やかな興奮した歓声。溝や地面に落ちた餅は小袋に入っているものの泥だらけ。「落ちた物は食べちゃダメ」という規則はなし！　年寄りも子どもも関係なし！　早い者勝ちで次々と拾います。

大喜びで拾った餅のおいしかったこと！

帰り道に息子は白餅3個をぺろり。

昔は白餅が貴重だったので、祝い事では餅が欠かせません。建て前の餅まきも伝統的な行事です。

秋はキノコに注目！

作：オオミユキ

秋《あき》はやっぱりキノコだね！
キノコといえばマツタケ!!
今年《ことし》は全国的《ぜんこくてき》にマツタケ豊作《ほうさく》らしい。
しかし朽木《くつき》では、
今年《ことし》はマツタケアカンのォ
とれんのォ
えー！
と、いいつつ、あちこちの家《いえ》からマツタケの香《かお》りが…？
ぷ〜〜ん
ミズナラの大木《たいぼく》に生《は》えるというマイタケも、朽木《くつき》では不作《ふさく》とか。
見付《みつ》けると、舞《ま》って喜《よろこ》ぶほど嬉《うれ》しいから
マイタケ
不作《ふさく》といえども、
今夜《こんや》はマイタケパーティーや！
なぬ？
おこぼれもなく、しゃあないから自力《じりき》でキノコさがし。
キノコ博士《はかせ》と
ハタケシメジ見《み》っけ。
アブラシメジ、ショウゲンジ、ヌメリササクレダケ、ハエトリシメジ……
あるある！みんなまとめてキノコ汁《じる》や！
コレはゴムタケ。生《なま》でも食《た》べられるで。
コレ？
ほんまかいな…？
もぐもぐ
うーん確《たし》かにゴムだ。まずくはないがおいしくもない。味《あじ》がない。
これに黒蜜《くろみつ》をかければ
山《やま》のデザート「ぷりぷりキノコの黒蜜《くろみつ》がけ」ができるよ!!

2006.10.25

「香りマツタケ、味シメジ」という通り、マツタケはアカマツ林に入っただけでもプンと香る気がします。ハタケシメジ、ホンシメジなどの野生のシメジは歯ごたえも味も抜群。

朽木ではあまりキノコを食べる習慣がありません。「モタセ（ナラタケ）」と「スギヒラ（スギヒラタケ）」、「ヒラタケ」は地元の方も採りますが、マツタケの食べ方がわからず、天ぷらにしたという話も聞きます。また、一株数万円のマイタケも、昔は食べなかったそうです。

キノコの判別は難しいです。無毒だと言われていたスギヒラタケも、実は2004年に有毒だとわかりましたし、「縦に裂けるキノコは食べられる」という説もウソ。キノコ狩りには必ず専門家と行きましょうね。

足元にはキノコがいっぱい

くさ～いクサギカメムシ

作 オミユキ

秋《あき》といえば…
読書《どくしょ》??
食欲《しょくよく》??
芸術《げいじゅつ》??
…いやいや～
マンガ
ヘクサムシの秋《あき》です!!
ヘクサムシとはクサギカメムシのこと。
干《ほ》した洗濯物《せんたくもの》に
びっしり!
重《かさ》ねた紙《かみ》の間《あいだ》にも
びっしり!!
油断《ゆだん》すると
食卓《しょくたく》に置《お》いたおかずにも入《はい》ることが!
これまたにおいが
めっちゃくさいのよ!
プー
オミユキも顔《かお》まけだ!
さわるとくさいので火《ひ》バサミではさんで
ビンに入《い》れたり
ふた
窓《まど》にくっついているものは、空《あ》いたペットボトルに落《お》とし入れたり、いろいろ工夫《くふう》しているが、
オノミユキの職場《しょくば》では、大《おお》き目《め》の缶《かん》に灯油《とうゆ》を入《い》れて置《お》いてある。
こうすれば勝手《かって》に入るで
へえ
で、わが家《や》にも置《お》いてみたが
ちっとも入らへん
職場《しょくば》の缶《かん》にはいっぱい入っている。
なんでやー?
なんや、自分《じぶん》で入れてはるんや。
ポトン

…結局《けっきょく》、自力《じりき》で集《あつ》めなくてはならないようです。サボらず集《あつ》めよう!!

2006.11.18

朽木に多いクサギカメムシは果実や木の汁を吸う害虫です。また、臭いにおいを出すのでので嫌われ者ですが、ヤニサシガメなどのように、臭くないものもいます。

クサギカメムシを触るのを嫌がる人が多いなか、私はあまり気にせずに指でそっとつまんで外にポイ!します。

でもダーリンは大のカメムシ嫌い。ブーンという音に敏感《びんかん》に反応し、さっと火バサミでつまんでビンに入れます。わが家の「カメムシ取り器」がせっせと働くので、私はどんどんズボラになっていくわけです。

でも、すき焼きに飛び込んだカメムシを間違えて食べてしまった時はさすがに驚きました。あの食感と口の中に広がるくさ～い味は未《いま》だに忘れられません。みなさんも決して食べてしまわないように。

雑煮はどこ式？朽木式？

あけましておめでとうございます。
今年もよろしくお願《ねが》いします。
お正月といえばお雑煮《ぞうに》。
みなさんは、どんなお雑煮、食《た》べました？
オノミユキの両親《りょうしん》は熊本出身《くまもとしゅっしん》なので、実家《じっか》は熊本式《くまもとしき》。
丸餅《まるもち》
しょうゆすまし汁
鶏肉《けいにく》・昆布《こんぶ》
大根《だいこん》・人参《にんじん》・里芋《さといも》
ほうれん草・ごぼう etc 具《ぐ》だくさん!!!
オノミユキのダーリンは東京《とうきょう》の下町出身《したまちしゅっしん》。だから
ダーリンの実家《じっか》は東京下町式(？)
角餅《かくもち》
塩味《しおあじ》の透明汁《とうめいじる》
みつばか小松菜《こまつな》
溶《と》き卵（これはオリジナル？）
そこで近所《きんじょ》のおばさんに
朽木《くつき》の雑煮って どんなのですか？
そんなん、フツーのみそ味《あじ》のフツーの雑煮や
なんじゃ？。そんなの
説明《せつめい》になってないぞ。
具《ぐ》は？。餅《もち》の形《かたち》は？。だしは？。
と、しつこく聞いても、
フツーのだしに、みそ溶《と》かして、餅を入れた、フツーのもんや
それでもよくわからないので とある店《みせ》でお料理しているおばさんにお電話《でんわ》。
すみません。雑煮《ぞうに》をつくって下さい
かなりあつかましい
伺《うかが》ったのはこんな店。
丸八百貨店
こんにちはー
じゃーん！とうとう朽木の雑煮《ぞうに》、登場《とうじょう》！
丸餅《まるもち》
みそ味《あじ》の汁《しる》
大根《だいこん》・人参《にんじん》・里芋《さといも》・ごぼう みつば入り。豪華《ごうか》やん!!
話《はなし》によると、昆布《こんぶ》だしにみそを溶《と》かし、餅《もち》を入れてかつお節《ぶし》をのせるだけ、というシンプルなものもあるらしい。
朽木でも、家庭《かてい》によって入れる具《ぐ》が様々《さまざま》なようです。
作《つく》ってもらうなら野菜《やさい》入りがいいな。
作《つく》るなら餅《もち》だけがいいな。
カンタンそうやしー。

2007.1.17

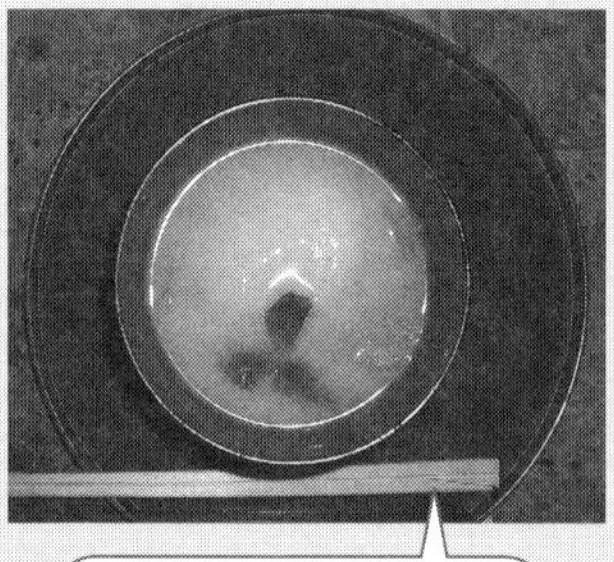

野菜を全く入れない家庭もあるそうです

朽木に来て10回目の正月に念願の朽木雑煮が食べられました！ 厚かましい私もさすがに正月早々お宅にお邪魔する勇気はなく、朽木雑煮知らずでした。

お世話になった丸八百貨店は喫茶兼観光案内所。切り盛りするおばさま方がメニューにはないのに作ってくれました。朽木に嫁いだ友人の家は、だし汁に味噌をとかして餅を入れるだけというシンプルなもので、餅がとろけて汁までとろ～んとするとか。姑さんは「正月には女は外に出たらだめ」という言い伝えを今でも守っているそうです。

丸八百貨店は朽木情報が集まる基地として私もよく利用します。みなさんもどうぞ！

朽木情報発信基地、丸八百貨店

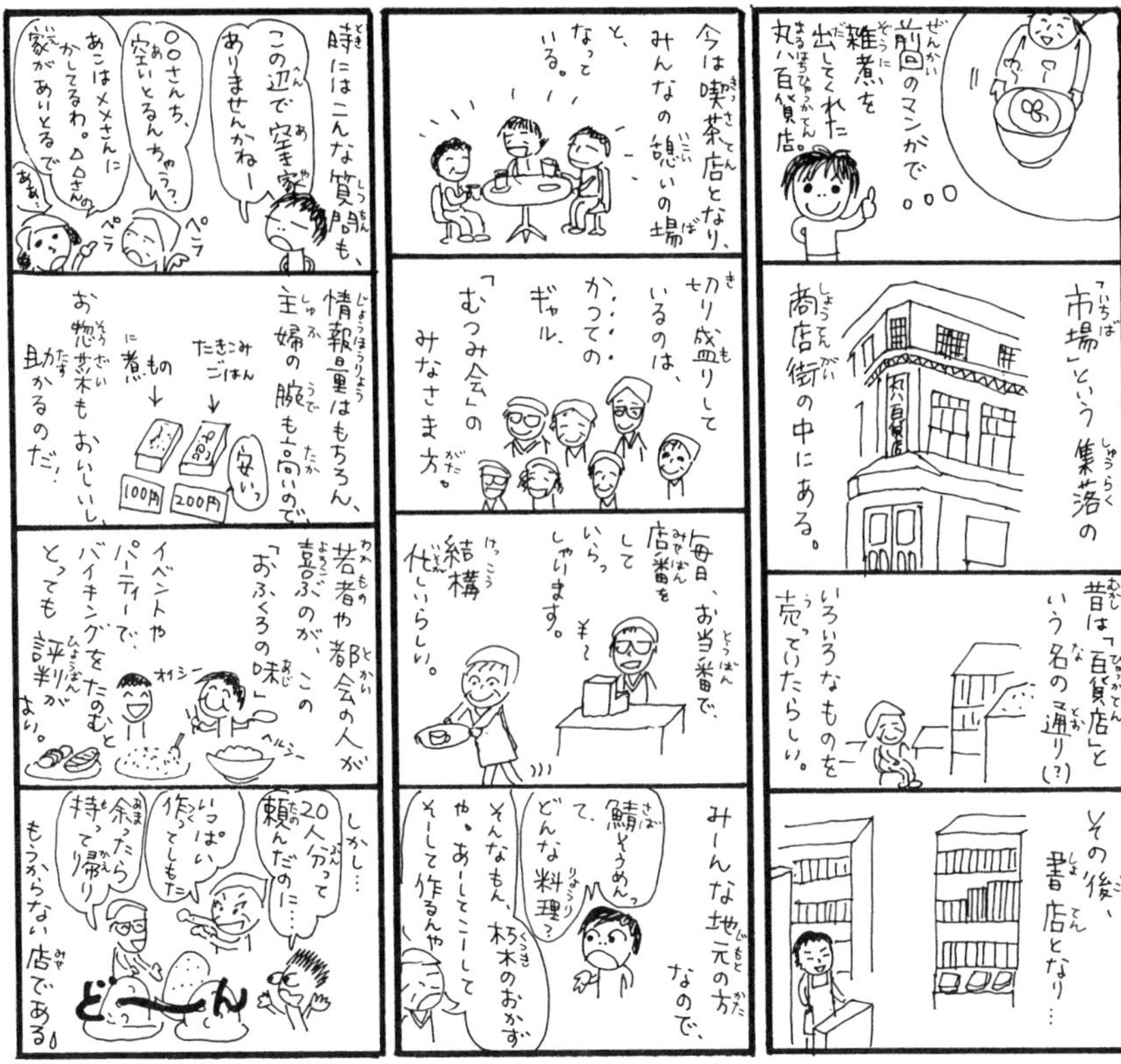

前回《ぜんかい》のマンガで雑煮《ぞうに》を出《だ》してくれた丸八百貨店《まるはちひゃっかてん》。
「市場《いちば》」という集落《しゅうらく》の商店街《しょうてんがい》の中にある。
昔《むかし》は「百貨店《ひゃっかてん》」という名《な》の通《とお》り(?)いろいろなものを売《う》ってたらしい。
その後《ご》、書店《しょてん》となり…
今は喫茶店《きっさてん》となり、みんなの憩《いこ》いの場《ば》と、なっている。
切《き》り盛《も》りしているのは、かつての……ギャル。「むつみ会」のみなさま方《がた》。
毎日、お当番《とうばん》で、店番《みせばん》をしていらっしゃります。
結構《けっこう》忙《いそが》しいらしい。
みーんな地元《じもと》の方《かた》なので、
鯖《さば》そうめんって、どんな料理《りょうり》?
そんなもん、朽木《くつき》のおかずや。あーしてこーしてそーして作るんや
時《とき》にはこんな質問《しつもん》も、
この辺《へん》で空《あ》き家《や》ありませんかねー
○○さんち、空《あ》いとるんちゃう?
あこはメメさんにかしてるわ。△△さんの家《いえ》があいとるで
ペラ
ペラ
あぁ…
情報量《じょうほうりょう》はもちろん、主婦《しゅふ》の腕《うで》も高《たか》いので、
お惣菜《そうざい》もおいしいし、助《たす》かるのだ!
たきこみごはん
煮《に》もの
安いっ
100円
200円
若者《わかもの》や都会《とかい》の人が喜《よろこ》ぶのが、この「おふくろの味《あじ》」
イベントやパーティーで、バイキングをたのむと、とっても評判《ひょうばん》がよい。
オイシー
ヘルシー
しかし…
20人分《ぶん》って頼《たの》んだのに…
いっぱい作《つく》ってしもた
余《あま》ったら持《も》って帰《かえ》り
どーーん
もうからない店《みせ》である。

2007.1.31

昼間は近所のおばちゃんで賑わいます

丸八百貨店は、1933年に建てられました。その後、増築、改築を重ね、百貨店としてだけでなく森林組合の事務所などとして活用されてきたそうです。95年からは村の所有物となり、97年に滋賀県で3番目の国の登録有形文化財に指定されました。

洋館風のモダンな建物。扉を開けると鐘が鳴り、コーヒーの香りが。オシャレな店なのにウェイトレスは地元のおばちゃま方。これがみんなに親しまれるポイント。観光客の方も、地元の方の話で得《とく》した気分になるはず。手作りおかきやこんにゃく、陶芸作品などもあります。ごみ袋や日用品も並んで庶民的ですが。絵本も置いてあるのは、子どもどうぞ、というお気遣《きづか》いかな、と感謝です。うちの子も「丸八に行こう」というと喜びます。

毎日新聞編

地域のたまり場、髪処玉垣

作:オオミユキ

今回《こんかい》は、前回《ぜんかい》のマンガで紹介《しょうかい》した丸八百貨店《まるはちひゃっかてん》の裏《うら》の通《とお》りをまーっすぐ進《すす》んだところの店《みせ》を紹介《しょうかい》します。
丸八百貨店
サンパツ屋《や》さんの玉垣《たまがき》さんです!!
サンパツではありません!
「髪処玉垣《かみどころたまがき》」です♪
ポカ
実物《じつぶつ》はこんな乱暴《らんぼう》ではない
あへ〜ごめん
以前《いぜん》は丸八百貨店《まるはちひゃっかてん》のすぐ向《む》かいにあった玉垣《たまがき》さんが、
サンパツの
ちょっとオシャレに新装《しんそう》オープンしたのだ。
丸八
朽木《くつき》に移住《いじゅう》した頃《ころ》からこのお店《みせ》にお世話《せわ》になっていたオオミユキ。
じゅんこさん
ペチャクチャ
ペチャクチャ
朽木情報《くつきじょうほう》を仕入《しい》れられるだけでなく、オモチャがあるから子《こ》どもができてからも安心《あんしん》して利用《りよう》できた。
あそこの○○さんがXXしてなー
へぇ〜
そして、息子《むすこ》さん夫婦《ふうふ》が、後《あと》を継《つ》ぐこととなり、
ますおさん
じゅんこさん
しんやくん
けいこさん
今年《ことし》の1月《がつ》に「髪処玉垣《かみどころたまがき》」として新《あら》たなる出発《しゅっぱつ》をされたわけであ〜る!
日当り良好
若《わか》いのにすでにふたりの子《こ》のお母《かあ》さんであるけいこさんのアイデアで、子どもを遊《あそ》ばせるスペースも設《もう》けてあるのだ!
ますおさんが子守りしてくれることも!
早速《さっそく》、ボッサボサの髪《かみ》を散髪《さんぱつ》してもらうことに。
このうっとうしいの、何とかして…♪
けいこさんは、都会的《とかいてき》センスでペタペタぬってかっこよく仕上《しあ》げてくれたのに、
わ♡
翌朝《よくあさ》、目《め》が覚《さ》めたらピンピンはねている♪
水
ど〜うなってんのォ〜
やっぱり髪型《かみがた》は本人《ほんにん》のセンスですな。

2007.2.14

私が10年程通っている散髪屋さん「玉垣」。初代は1945年にオープンしましたが、78年の水害で店が流され、80年に移転。その後、店を継いだ玉垣増雄さんと順子さんは「ヘアーサロン玉垣」を経営。私はこのおふたりに大変お世話になっています。名前の通りサロン的な存在で、店では近所の方がコーヒーを飲みながらお喋《しゃべ》りしています。私も喋りながら散髪してもらい、野菜や赤飯などいただくという特典付きでした。

そして今年1月に3代目の息子さん夫婦が「髪処玉垣」をオープン。ハイカラなお店に大変身。先日、美容師を目指す若者が進路の相談に来ていました。「髪処玉垣」も、みんなに愛され、頼られるお店になりそうです。

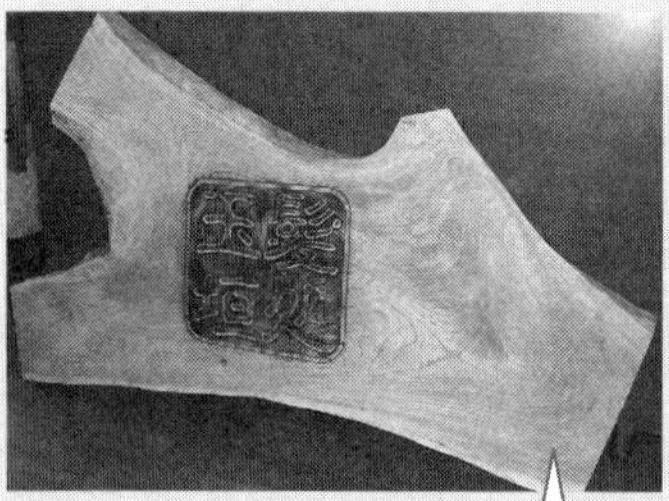

開店祝いのオリジナル烙印《らくいん》入り看板。朽木ならではの贈り物です

拾うのって楽しいな〜

作:オノミユキ

2月《がつ》15日《にち》は涅槃会《ねはんえ》。
お釈迦様《しゃかさま》の亡《な》くなった日《ひ》です。
チーン
この日《ひ》は、あちこちのお寺《てら》で「だんごまき」がある。
各集落《かくしゅうらく》のお寺《てら》にその集落《しゅうらく》の大人《おとな》も子どもも集合《しゅうごう》。
「だんごまき」は子どもたちのお楽《たの》しみ。
林慶寺《りんけいじ》でもだんごまきするから来てね
と、お寺《てら》の奥《おく》さんに、檀家《だんか》でもない我《わ》が家《や》までお誘《さそ》いいただく。
さて、「だんごまき」当日《とうじつ》。
で、まずお経《きょう》。
沢山《たくさん》人《ひと》の集《あつ》まったお寺《てら》
それから地元《じもと》のおばさま方による
お念仏《ねんぶつ》を唱《とな》える。
チーン
そして住職《じゅうしょく》のおはなし。
ペラペラ
ペラ
だんだん退屈《たいくつ》してきた息子《むすこ》
そして奥《おく》さんによる、お釈迦《しゃか》さまの紙《かみ》しばい。
そして…
何《なん》と、そのあと「千《せん》の風《かぜ》になって」の独唱《どくしょう》。
ステキでした。
さぁ、いよいよだんごまきです。
さぁ、まくで!
急にシャキーン
わーっ
と
まかれた。
だんごとお菓子《かし》にみんなバンザイ!
取材《しゅざい》も兼《か》ねてやって来《き》たのに
撮影《さつえい》を放《ほう》ったらかして
必死《ひっし》に集《あつ》めるオノミユキ。
おかーさーん。ひろえなーい…
うるさい!! 自分《じぶん》でひろいなさい。
すわって!すわってひろうの!!
おかーさん
ふふっ。今年《ことし》はたくさんひろえたわ。
と、ひとりで満足《まんぞく》して帰《かえ》った。
大人気《おとなげ》ないねー…。
おかーさーん

2007.2.28

まくのも楽しそう

本来涅槃会は2月15日ですが、今年は2月17日(土)に行われました。

涅槃会でだんごをまく理由は、「お釈迦様の遺骨を欲しがる人々が争いになった。そこでだんごを遺骨に見立て、皆で分け合うためだんごをまく」そうです。拾っただんごはマムシよけのお守りになります。

住職が「"四苦八苦"とは、生まれる瞬間、老い、病気、死を迎える、別れ(他二つ)の苦しみ。ゆっくりと息を吸って長く吐く。これを何回もすれば苦しみを乗り越える意欲がわきます」と。

深呼吸でしんどいことに耐えよう!と思いましたが、だんごがまかれると欲を抑えることはできませんでした。

サロン的な郵便局を紹介します！

作：オノミユキ

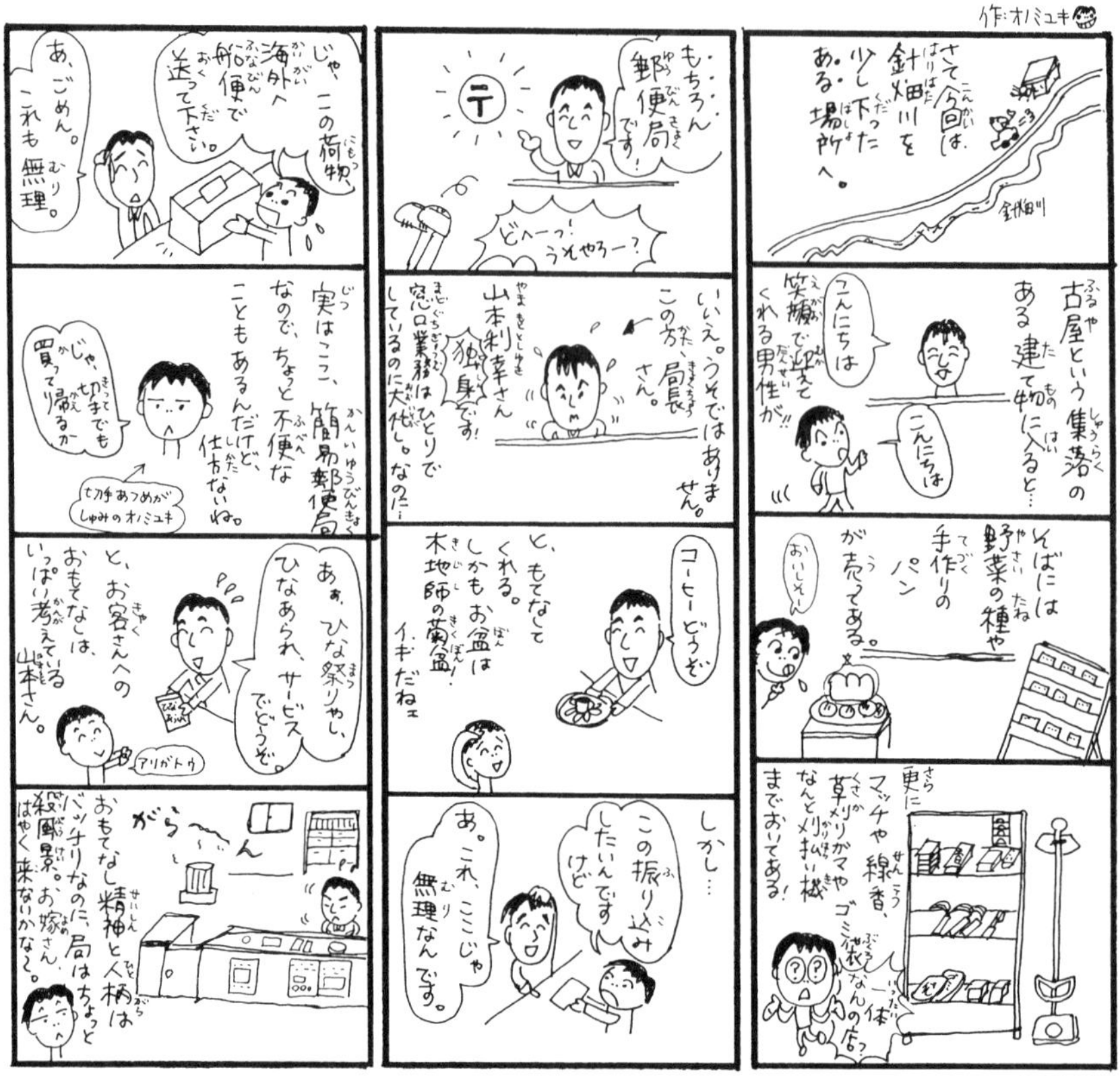

さて今回《こんかい》は、針畑川《はりはたがわ》を少し下《くだ》った場所《ばしょ》へ。
針畑川
古屋《ふるや》という集落《しゅうらく》のある建物《たてもの》に入《はい》ると…
こんにちは
笑顔《えがお》で迎《むか》えてくれる男性《だんせい》が!!
そばには野菜《やさい》の種《たね》や手作《てづく》りのパンが売《う》ってある。
おいしそ～
更《さら》にマッチや線香《せんこう》、草《くさ》メリカマやゴミ袋《ぶくろ》なんとメリ払《ばら》い機までおいてある！
一体《いったい》なんの店？
もちろん郵便局《ゆうびんきょく》です！
どへーっ！うそやろー？
いいえ。うそではありません。この方《かた》、局長《きょくちょう》さん。
山本利幸《やまもととしゆき》さん
独身《どくしん》です！
窓口業務《まどぐちぎょうむ》はひとりでしているのに大忙《おおいそが》し。なのに…
コーヒーどうぞ
と、もてなしてくれる。しかもお盆《ぼん》は木地師《きじし》の菊盆《きくぼん》！イキだねェ
しかし…
この振《ふ》り込《こ》みしたいんですけど
あ。これ、ここじゃ無理《むり》なんです。
じゃ、この荷物《にもつ》、海外《かいがい》へ船便《ふなびん》で送《おく》って下《くだ》さい。
あ、ごめん。これも無理《むり》。
実《じつ》はここ、簡易郵便局《かんいゆうびんきょく》なので、ちょっと不便《ふべん》なこともあるんだけど、仕方《しかた》ないね。
じゃ、切手《きって》でも買《か》って帰《かえ》るか
切手あつめがしゅみのオノミユキ
ああ、ひな祭《まつ》りやし、ひなあられ、サービスでどうぞ。
アリガトウ
と、お客《きゃく》さんへのおもてなしは、いっぱい考《かんが》えている山本さん。
がら～ん
おもてなし精神《せいしん》と人柄《ひとがら》はバッチリなのに、局はちょっと殺風景《さっぷうけい》。お嫁《よめ》さん、はやく来ないかなぁ。

2007.3.28

お嫁さん募集中！と思ったら、お嫁さんゲットしました！

古屋簡易郵便局は、針畑地区の唯一の金融機関です。局長の山本利幸さんは京都出身で森林組合の職員を経て、２００３年に地域の人の勧めと信頼を得て郵便局業務に携わることに。

ところが最近、古屋簡易郵便局は存続の危機に立たされています。そこで利用者を得るための策をとる山本さん。お菓子を置いてくつろいでもらったり、お喋りしたり日用品も販売したり…。業務的でないところが私は気に入っています。でも、たまにしか利用できず残念。なかには、小さな郵便局を訪問する〝郵便局マニア〟もいるそうで、そんな方との交流も楽しんでいる山本さんです。みなさん、通帳を持って会いに来てくださいね。

山の恵みをありがたく

作・カミユキ

今回《こんかい》は ウマ〜イ 里《さと》の食《た》べ物《もの》のおはなしです。

ウマ〜イもの だ〜いすき♡

春《はる》は山《やま》に 山ほど ウマイ ものが…。

〜♪

カメた、ヘビに、カエルに イモリ…

ではなくて、山菜《さんさい》ですネ！

今回《こんかい》は、ちょっとかわった "リョウブ飯《めし》"を紹介《しょうかい》しましょ。"リョウブ"という木《き》の新芽《しんめ》を使《つか》います。

黄緑色《きみどりいろ》のやわらか〜い新芽《しんめ》を ちょっといただきます。

ぜ〜んぶとったら木が枯《か》れてしまうからダメですよ！

この芽《め》をさっとゆがいて 苦味《にがみ》をとります。

細《こま》かく刻《きざ》んで、炊《た》きたてのごはんにまぜるだけ。

味つけは塩！

これで"リョウブ飯《めし》"の できあがり！

朽木《くつき》では、戦中《せんちゅう》、戦後《せんご》の食糧難《しょくりょうなん》で、米《こめ》が不足《ふそく》しているときに、特《とく》によく食《た》べられていたとか。

"リョウブ飯《めし》"といえば、
葉《は》っぱに米《こめ》つぶがついてたようなもんや。

と、年配《ねんぱい》の方はおっしゃいます。米の代用食《だいようしょく》だったので、よいイメージがないらしい。

しかし今《いま》や わがやでは ゼイタクの一品《いっぴん》。

はっぱのごはんや〜

わ〜

と、子どもたちは大喜《おおよろこ》び。食糧《しょくりょう》に困《こま》らない今の時代《じだい》、山菜《さんさい》はほどほどに頂《いただ》こう。

2007.4.25

リョウブの若葉は黄緑で輝かしい

リョウブ飯を朽木では「ヨゥブメシ」といいます。おばあさんによると、リョウブの若葉を蒸し、むしろに広げて日に当て乾燥させ、手で揉《も》んで粉にし、石臼でひいて蒸した米粉とリョウブの粉を混ぜ、ご飯に混ぜて塩味をつけておにぎりにし、オヤツにしたそうです。戦時中、食糧難の頃はよく食べた、とおっしゃっていました。

ところで、朽木でも山菜を採集する人の姿が目立ちますが、その場所はほとんどが私有地、公有地です。最近の山菜ブームで地元の方が迷惑していることもあります。自然の恵みをいただくことは楽しいことではありますが、根こそぎ採取したり、私有地に踏み入るといったことのないように願います。

ガマガエルはヒキガエルの別名

オノミユキ
田《た》んぼに水《みず》がはられると、カエルたちの声《こえ》が。
ゲコゲコ
ゲッゲッゲッ…
この頃、姿《すがた》をよくみるのが、トノサマガエルやアマガエル。
田《た》んぼで産卵《さん》するらしい。
や！
実《じつ》は、オノミユキの近所《きんじょ》にもーっと早《はや》く卵《たまご》をうむカエルがいるのだ。
ジャーン
ヒキガエルなのだ！
体長《たいちょう》、15cmほどの大きさがあるがとてもおとなしい。
呼んだ？
4月《がつ》初旬《しょじゅん》の、なまぬるーい雨《あめ》が降《ふ》る晩《ばん》に…
ころ
道路《どうろ》いっぱいにヒキガエルが!!!
ゴッゴッ
ヒョエ〜
道路《どうろ》わきの水《みず》たまりに卵《たまご》をうむため、山《やま》から集《あつ》まるのだ。
オスが、交尾《こうび》しようと、メスの上《うえ》に乗《の》ろうとしたら…
よいしょ
わしもオスや！
ヒョエ〜
ゴメ〜ン
と、けられるシーンも。目《め》が悪《わる》いのかな？
こうして「蛙合戦《かわずがっせん》」がくり広《ひろ》げられた翌朝《よくあさ》は、水たまりは卵《たまご》でいーっぱいなのだ。
ところが、水たまりの横《よこ》には、ヒキガエルが、ヒキ殺《ころ》された姿《すがた》も…。
ドライバーのみなさん、夏《なつ》にかけて、カエルたちが、道《みち》を横断《おうだん》します。
運転《うんてん》にはよーく、気《き》を付《つ》けて下さいね。
よく見てゆっくり走ってね！

2007.5.9

ヒキガエルは水かきがなく、泳ぐのが苦手です。跳ねるのも苦手なので、ピョンピョンスイスイのトノサマガエルとは様子が違い、ノソノソモタモタ姿です。

今年は4月に寒い日が続いたので、木地山での産卵は例年より遅かったものの、孵《かえ》ったおたまじゃくしは数千匹というかなりの数。ところが無事にカエルになるのは、数匹です。生存率が低いので、たくさん卵を産むようです。

さて、これからはモリアオガエル、シュレーゲルアオガエルの産卵期です。卵を包む白い泡はホイップクリームのようですが、何とおしっこと分泌液がまざったものらしいです。ふわふわだからといって思わず口に入れないようにね！

田んぼのあぜや木の上などいろんなところに産んでるよ

ガーデニング好きも集まれ〜!

作:オノミユキ

今回《こんかい》は、肥料《ひりょう》と料理《りょうり》に
命《いのち》かけている(?)お店《みせ》を紹介《しょうかい》します。
「上田林業《うえだりんぎょう》」さんと、「花《はな》ごよみ」さんです!
国道《こくどう》に沿《そ》った「荒川《あらかわ》」にあります。
市場
今津
R367
←安曇川
↑朽木荒川のココだョ!
もともとは、たい肥《ひ》をつくる会社《かいしゃ》で、
木《き》の皮《かわ》を発酵《はっこう》させてつくるバーク堆肥《たいひ》がうりもの。
ふかふかの土《つち》で、さわっても臭《くさ》くもべとべともしない。
オノミユキの畑《はたけ》も、これが欠《か》かせない。
(おかげで、毎年《まいとし》豊作《ほうさく》?!)
袋《ふくろ》に入《い》れて売《う》ってあるけど軽《けい》トラに直接《ちょくせつ》積《つ》んでもらう方が
お得《とく》だと知《し》って、ラッキー♡
〜♪
たい肥《ひ》担当《たんとう》は、ご主人《しゅじん》。
奥様《おくさま》の妙子《たえこ》さんは、
喫茶《きっさ》、お食事処《しょくじどころ》の「花《はな》ごよみ」担当《たんとう》。
上田林業《うえだりんぎょう》の会社《かいしゃ》の横《よこ》に、コジャレたお店《みせ》がたってるよ。
これが「花《はな》ごよみ」。
わたしがきりもりしてます
自慢《じまん》のメニューは、「鯖《さば》そうめん」!
どーん!
料理上手《りょうりじょうず》な妙子《たえこ》さんのおすすめの一品《いっぴん》!
ん!たしかにウマイ!
焼鯖《やきさば》が、しっとりとたいてあり、そうめんもコシがある!
「孤塚《きつねづか》うどん」というのが気《き》になるので注文《ちゅうもん》。
これもGo。
この土地《とち》は、昔《むかし》からよく孤《きつね》が出たということから「孤塚」という名がある。
その他《ほか》、さばずし、なれずし、
びわこ産《さん》の、いさざの佃煮《つくだに》、小鮎《こあゆ》の佃煮、かわえびの佃煮など、人気商品《にんきしょうひん》いーっぱい。
ゆったりした温《あたた》かみのあるお店《みせ》でおいしいコーヒーをよばれて、
ふう。大満足《だいまんぞく》♡
サービスで入れて下さった♡

2007.6.6

上田林業さんの事業は、堆肥販売、喫茶・お食事だけではありません。板の販売、木工指導、木工体験、野菜や花の苗の販売…。こちらで板を購入した私の親も、良い板を嬉しい価格で譲ってもらったと大喜びでした。お店では、木工用の機械を利用でき、作品作りもできます。指導もしてもらえるので、作品が一品できてしまうとか。

オリジナル木工を完成させたら「花ごよみ」で田舎料理と楽しいおしゃべりを満喫《まんきつ》してください。人気の焼鯖そうめんは見た目も味も最高ですヨ!

「味処　花ごよみ」ネットで検索してね!
定休日:木曜日
TEL 0740－38－2377

毎日新聞編

シカ、山へお帰りなさい

作：オノミユキ

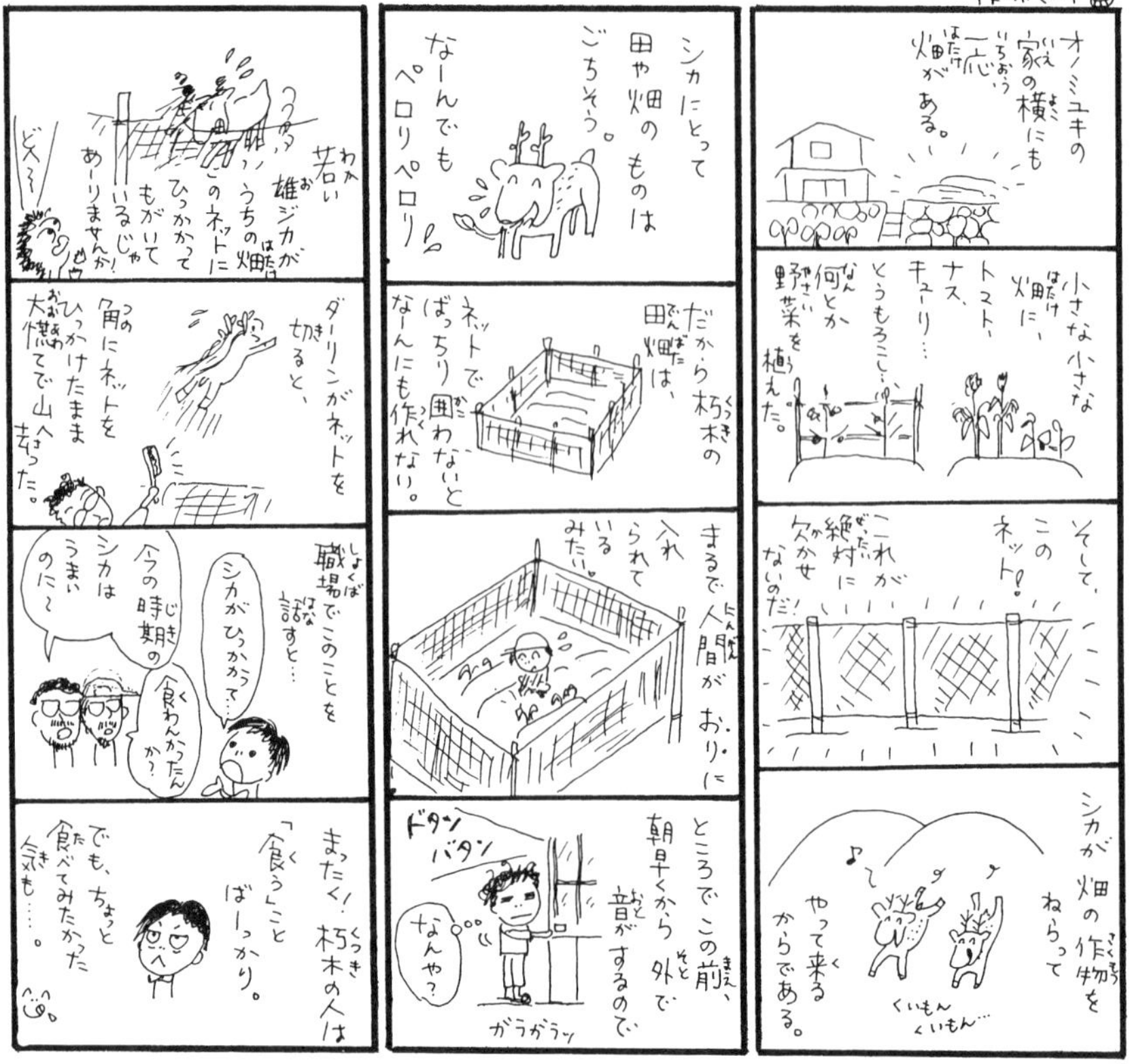
オノミユキの家《いえ》の横《よこ》にも一応《いちおう》畑《はたけ》がある。
小さな小さな畑《はたけ》に、トマト、ナス、キューリ…とうもろこし…何《なん》とか野菜《やさい》を植《う》えた。
そして、このネット!
これが絶対《ぜったい》に欠《か》かせないのだ!
シカが畑の作物《さくもつ》をねらって
やって来《く》るからである。
くいもん くいもん…
シカにとって田や畑のものはごちそう。
なーんでもペロリペロリ
だから朽木《くつき》の田畑《でんばた》は、
ネットでばっちり囲《かこ》わないとなーんにも作《つく》れなり。
まるで人間《にんげん》がおりに入れられているみたい。
ところでこの前《まえ》、朝早くから外《そと》で音《おと》がするので
ドタン バタン
なんや?
ガラガラッ
若《わか》い雄《お》ジカがうちの畑《はたけ》のネットにひっかかってもがいているじゃあーりませんか!
ウヮヮ
どえ～
ダーリンがネットを切《き》ると、
角《つの》にネットをひっかけたまま大慌《おおあわ》てで山へ去《さ》った。
職場《しょくば》でこのことを話《はな》すと…
シカがひっかかって…
今の時期《じき》のシカはうまいのに～
食《く》わんかったんか?
まったく! 朽木《くつき》の人は「食《く》う」ことばーっかり。
でも、ちょっと食《た》べてみたかった気《き》も…。

2007.7.18

シカよけに頑丈に張ったネットさえも、ツノをひっかけて騒ぎにしてくれる

まったくシカの畑荒らしには困ったものです。木地山地区はシカの害だけですが、サル、イノシシ、カラスなどの被害にあう地域も多数です。

そもそもシカは山に住む動物ですが、最近は人間を恐れず里に下り、車の前に飛び出したり家の近くまで寄ってきます。そこで、人間の怖さを教え、山に帰れば人に嫌われることがなくなるだろうと思い、シカを見たら「シェーッ!」「ガーッ」と大きな声で脅《おど》すことに。

しかし効果は全くなし。畑のネットにひっかかったシカのおかげで杭《くい》は引っこ抜かれ、野菜は倒され…。シカに罪も悪気もないけれど、「くそーっ!」と思ってしまうのでした。

餅の大将は栃餅だね

作：オノミユキ

9月《がつ》の朽木《くつき》の山《やま》といえば、
なんといっても トチの実《み》ひろい。
「トチ」は、沢《さわ》の近《ちか》くに生《は》えるブナ科《か》の木。
実《み》は、かの有名《ゆうめい》なトチ餅《もち》に使《つか》われる。
なかみ
この日《ひ》は、朽木西小学校《くつきにししょうがっこう》のトチの実《み》ひろいの下見《したみ》ということで、
西小学校《にししょうがっこう》の前川先生《まえがわせんせい》と、トチの実《み》さがしに。
すると…
あ！ 美代次《みよじ》さん発見《はっけん》!!
地元《じもと》生まれ、地元《じもと》育《そだ》ちの中本美代次《なかもとみよじ》さん。
トチの実《み》、どこかでひろえませんかねー
おー。一緒《いっしょ》に行《い》ったろ。
年齢《ねんれい》ヒミツ
ということで美代次《みよじ》さんを乗せて行《い》った先《さき》は…
まって〜
地元出身《じもとしゅっしん》の植物学者《しょくぶつがくしゃ》、中根勇雄《なかねいさお》さん宅《たく》。
勇雄《いさお》くんよ、トチの実《み》のなっとるとこつれていってやってくれんか。
あー。いいですよ。
と、いうことで、4人で出発《しゅっぱつ》。
トチの実《み》ひろいの下見《したみ》がエライ大層《たいそう》なことになってしまった。
…で、肝心《かんじん》のトチの実《み》は今年《ことし》はどうやら不作《ふさく》で
たくさん収穫《しゅうかく》することは期待《きたい》できない。
なってませんねー
しかしまァ、地元の方と、山を歩くのはおもしろい。
マツ枯《が》れは… ナラ枯《が》れは… 木をきると… ○○×ロロ…
と、講義《こうぎ》してくれる中根《なかね》さん。
ふんふん
一方《いっぽう》、美代次《みよじ》さんは…、
○○のおばァは若《わか》いとき男好《おとこず》きでなー、男《おとこ》をみると おっかけて……
ためになるのかならないのか…??

2007.9.12

9月中下旬がトチの実の採集期。白米が貴重だった昔は、餅を増量させるためにトチの実を多く入れ渋くて苦い餅だったようで、トチ餅嫌いの年配者も多いです。

今のトチ餅は、トチの分量が少なく程よい渋味で大人気。ところが残念なことに数十年前、朽木のトチノキがたくさん切られ、トチの実が殆ど採れません。しかも、落ちた実をシカやイノシシが食べてしまうのです。

この日、地元の方にトチノキの場所に連れて行ってもらいましたが、暖冬だった上に4、5月の低温が重なり、不作。気候によって左右されるようです。実のアク抜きはとても大変なので、栃餅を作るよりも買う方がラクチンです。

タンニンを多く含むトチの実

職人技、ここに見たり！

作：オノミユキ

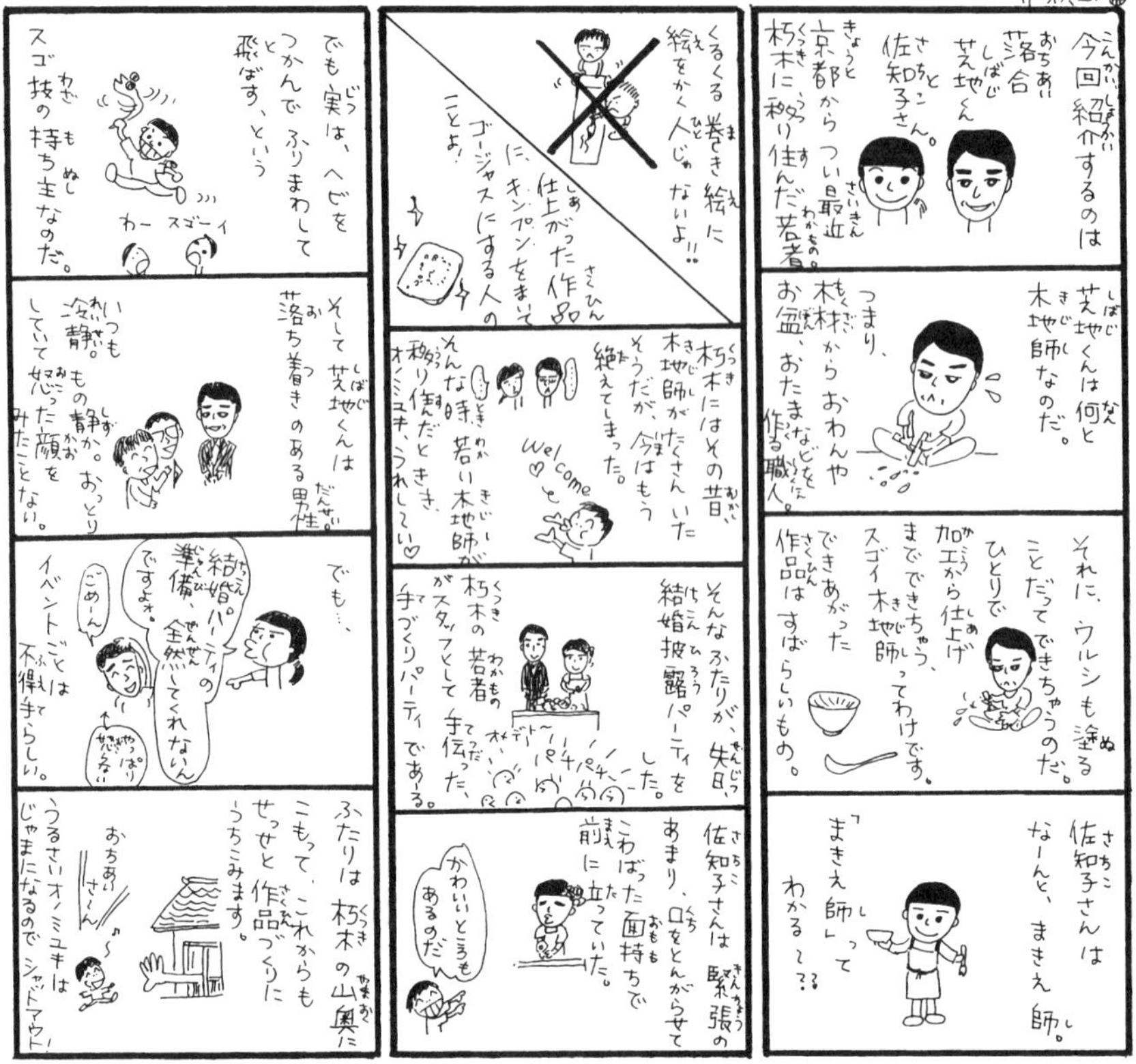

今回《こんかい》紹介《しょうかい》するのは
落合《おちあい》芝地《しばじ》くんと
佐知子《さちこ》さん。
京都《きょうと》からつい最近《さいきん》朽木《くつき》に移《うつ》り住《す》んだ若者《わかもの》。
芝地《しばじ》くんは何《なん》と木地師《きじし》なのだ。
つまり、木材《もくざい》からおわんやお盆《ぼん》、おたまなどを作《つく》る職人《しょくにん》。
それに、ウルシも塗《ぬ》ることだってできちゃうのだ。
ひとりで加工《かこう》から仕上《しあ》げまでできちゃう、スゴイ木地師《きじし》ってわけです。
できあがった作品《さくひん》はすばらしいもの。
佐知子《さちこ》さんはなーんと、まきえ師《し》。
「まきえ師《し》」ってわかる？？
くるくる巻《ま》き絵《え》に絵《え》をかく人《ひと》じゃないよ!!
仕上《しあ》がった作品《さくひん》に、キンプンをまいてゴージャスにする人のことよ！
朽木《くつき》にはその昔《むかし》、木地師《きじし》がたくさんいたそうだが、今《いま》はもう絶《た》えてしまった。
そんな時《とき》、若《わか》い木地師《きじし》が移《うつ》り住《す》んだときき、オノミユキ、うれしくていい♡
Welcome♡
そんなふたりが、先日《せんじつ》、結婚《けっこん》披露《ひろう》パーティをした。
朽木《くつき》の若者《わかもの》がスタッフとして手伝《てつだ》った、手《て》づくりパーティである。
オメデトー
パチパチー
佐知子《さちこ》さんは緊張《きんちょう》のあまり、口《くち》をとんがらせてこわばった面持《おもも》ちで前《まえ》に立《た》っていた。
かわいいところもあるのだ
でも実《じつ》は、ヘビをつかんでふりまわして飛《と》ばす、というスゴ技《わざ》の持《も》ち主《ぬし》なのだ。
わー スゴーイ
そして芝地《しばじ》くんは落《お》ち着《つ》きのある男性《だんせい》。
いつも冷静《れいせい》。もの静《しず》か。おっとりしていて怒《おこ》った顔《かお》をみたことない。
でも…、
結婚《けっこん》パーティの準備《じゅんび》、全然《ぜんぜん》してくれないんですよォ。
ごめーん
やっぱり怒《おこ》らない
イベントごとは不得手《ふえて》らしい。
ふたりは朽木《くつき》の山奥《やまおく》にこもって、これからもせっせと作品《さくひん》づくりにうちこみます。
おちあいさん
うるさいオノミユキはじゃまになるのでシャットアウト！

2007.9.26

落合芝地　検索

朽木から大津市近江舞子に転居しました

木地師とは、木材で器などを作る職人のことです。ろくろという道具で盆や椀を作る人を「ろくろ師」。仕上げた物に漆《うるし》を塗る「塗《ぬ》師《し》」、弁当箱やお盆の縁などを作る「曲げ物師」。漆を採集する「漆かき」。木杓子《きじゃくし》を作る「杓子師」といった職人がいました。

落合芝地さんは木工の修行を重ね、「ろくろ師」と「塗師」の技を持っています。佐知子さんは「蒔き絵師」。この分野を極めた特殊な職種だな、と感じます。昔はひとつの作品に何人もの職人が関わり作りあげました。最近は何でもできる人材が必要に思われがちですが、落合さん夫妻を見ていると、却って職人技の持ち主の方が貴重な存在となるのかも、と感じます。

ウマイものには目がないぞ

作：オノミユキ

あれは、4年前《ねんまえ》のこと…。ねぼけまなこでトイレのスリッパをはいたら…

いでェ〜

ちくっ！

出《で》てきたのはオオスズメバチ。刺《さ》された足はパンパンに腫《は》れ、ズキンズキンした。

スズメバチに二度《にど》刺されると危険《きけん》らしい。だから、オノミユキはスズメバチが怖《こわ》い。

ヒョエ〜

そんな秋《あき》のある日。8人で山歩きに行った。

休憩《きゅうけい》しましょう〜

しんど〜

どかっと腰《こし》をおろしたそのとき…、
ふぅ〜。つかれたァ〜

ハチだ!!。

静《しず》かに！しゃがんで！

ヒョエー！

見上《みあ》げるとすぐそばの木に、キイロスズメバチの巣《す》が、あるではないか!!!

自分《じぶん》のことしか考《かんが》えていないオノミユキ。その声《こえ》も無視《むし》してさっさと逃《に》げた。

さされた！

いたいっ
こわい〜

やだ〜

逃《に》げ遅《おく》れて犠牲《ぎせい》になったのは、男性《だんせい》2名《めい》。数ヶ所《すうかしょ》刺されてしまった。

いたいですー。

ごめんねー
ふたりとも大事《だいじ》には至《いた》らず、無事《ぶじ》に下山《げざん》できたが、そりゃメチャメチャ痛《いた》かっただろーなー。

ふたりを置《お》いて逃《に》げたことに責任《せきにん》と、申し訳《わけ》なさを感《かん》じたオノミユキ。この日《ひ》からすっかり無口《むくち》に……。

ってことは全《まった》くなく、やっぱり自己中心的《じこちゅうしんてき》である。

わー。それくらいですんだならハチに強いってことだよ。よかったね。

ひとごとだと思って…！

2007.10.24

秋の山歩きで一番怖い生き物は、スズメバチです。子育てに忙しい夏から秋、気が立っているので集団で襲ってきます。オオスズメバチは土の中に巣を作るため、巣の上を歩いて怒らせてしまうこともあります。命を落とす方もいるほどです。

小屋の軒下にキイロスズメバチの巣を発見したおじいさん。嬉しそうに「コイツの子はうまいんや〜」と。ハチの動きが鈍くなる夜に幼虫をいただくらしい。そんな危険を冒してまでしてハチの子が食べたいんだな〜、と感心。みなさんは決してマネしないでくださいね。

木の根元に巣作りする
オオスズメバチ

もったいないなぁ、スギ・ヒノキ

作：オノミユキ

今回《こんかい》紹介《しょうかい》する池田守一郎《いけだしゅいちろう》さんは朽木《くつき》うまれの67才《さい》。

中学校《ちゅうがっこう》をあがったら山の仕事《しごと》に就いた。

その時《とき》の日当《にっとう》はなんと350円！

それでも昔《むかし》は、木材《もくざい》を4トントラックに一杯《いっぱい》出《だ》せば
半年《はんとし》は楽《らく》に暮《く》らせたという。

ちなみに今《いま》は一本売《う》っても1000円《えん》にもならない。

昔《むかし》よりも材《ざい》の価値《かち》が下《さ》がってしまったのだ。

昔《むかし》は一本一本人の手《て》で木をおろしていたそうな。

すべらせて出《だ》すので雪《ゆき》のある時期《じき》に木を出《だ》したらしい。

そこで登場《とうじょう》したのが「キンマ」という道具《どうぐ》。

かたい「カシ」の木で作《つく》られており、そりのような形《かたち》で、
この上にきった木《き》を何本《なんぼん》ものせる。

あらかじめ「キンマ道《みち》」というものをつくっておくと雪《ゆき》のない季節《きせつ》も山《やま》から木《き》が出《だ》せるようになった。

「キンマ道」…丸太をひいて転《ころ》がす。

昔の暮《く》らしは大変《たいへん》やったけど支出《ししゅつ》も少《すく》なかったさかいなー
これからの山の暮《く》らしを考《かんが》えると、日本《にほん》の山はどうなるんかこわいわ。わしらの山もどうなることか
いろんな話《はなし》をしてくれた池田《いけだ》さん。

家の前は畑やシセなどとてもきれいにしてある。

きれー
確《たし》かに山村《さんそん》の人《ひと》は、山《やま》と里《さと》のくらしをきちんと守《まも》っていたのかも…

と、突然《とつぜん》…

おーい。茶《ちゃ》ァ出《だ》してくれ。おいっ!!!

「おい」と呼《よ》ばれた奥様《おくさま》が出《だ》してくれたお茶《ちゃ》をのみながら…

わしのオヤジは死《し》ぬまで17年もねたきりで。ウチの嫁《よめ》は、ようめんどうみてくれた。ありがたかった。大変《たいへん》やったとおもう。

「夫婦《ふうふ》のあり方《かた》」のようなものも教《おそ》わったオノミユキ。

おかえりなさいませ。お仕事《しごと》ごくろうサマです…

……

あとがこわい…。

ダーリン

2007.11.7

昔の山仕事を懐かしそうに語る池田さん

高島市の面積の約72%、朽木の92%が森林です。朽木は森林地区です。

朽木にはスギ、ヒノキの植林地が多くあります。戦後の拡大造林事業で、「スギが売れて大金持ちになるぞ」という言葉を信じて必死にスギ、ヒノキを植えました。ところが輸入材が入り、日本材の価値は下がり、今や木を切り出しても人件費も出ないという現実。なので、植林地は放置され、荒れ放題なのです。

池田さんも、一攫千金《いっかくせんきん》を信じて植林したけれど、活用されずに山に残っている状態。山や山村の将来を案じている池田さん。私も山の手入れのお手伝いを！とナタとノコギリを購入！　格好から入ってるでしょ？

木を切るのはオモロイけど…

作：オノミユキ

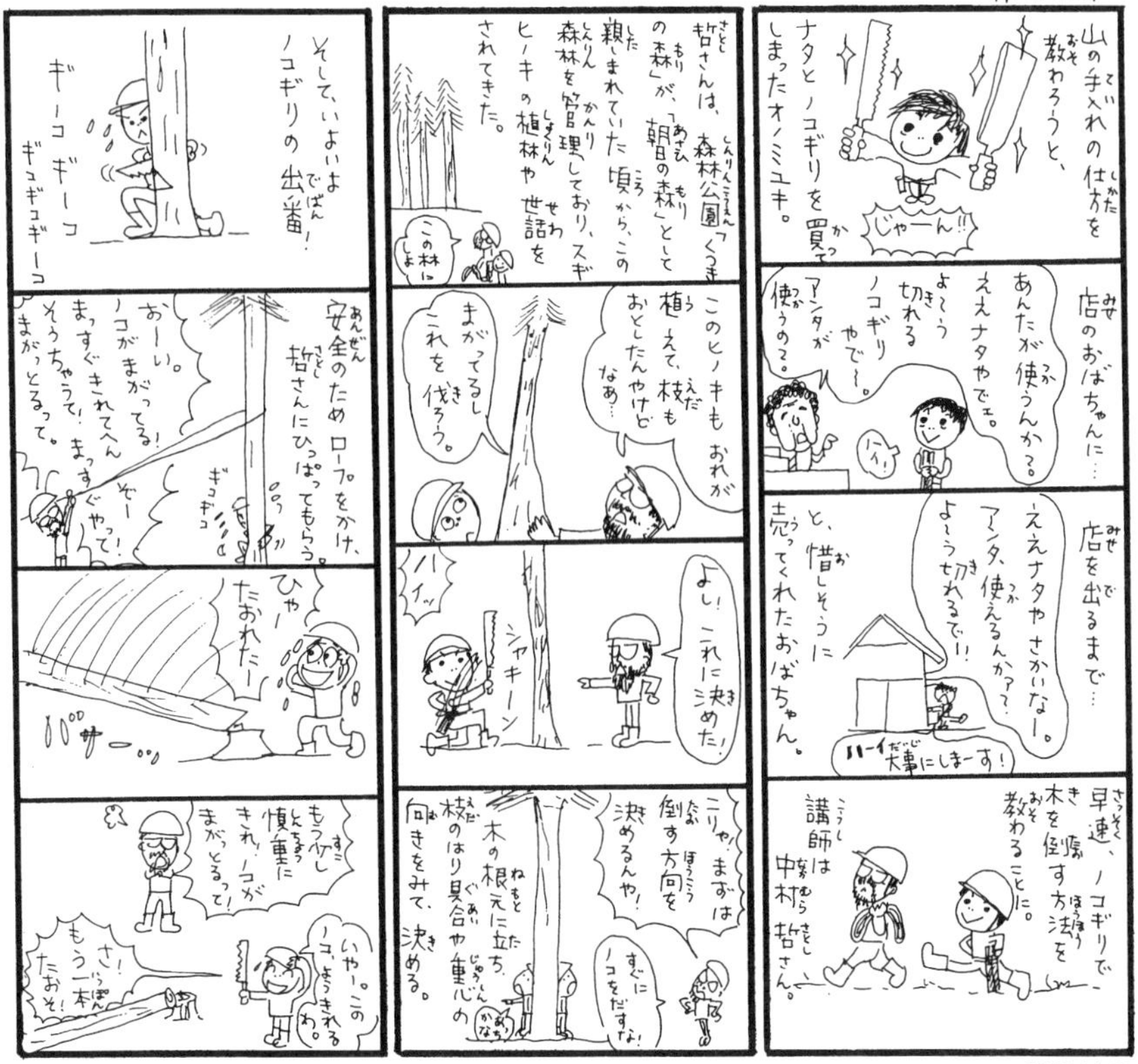
山の手入《てい》れの仕方《しかた》を教《おそ》わろうと、ナタとノコギリを買《か》ってしまったオノミユキ。

じゃーん!!

店《みせ》のおばちゃんに…

あんたが使《つか》うんかぁ。

ええナタやでェ。

よ〜う切《き》れるノコギリやで〜。

アンタが使《つか》うのォ。

ハイ!

店《みせ》を出《で》るまで…

ええナタやさかいなー。

アンタ、使《つか》えるんかァ?

よ〜う切《き》れるで!!

と、惜《お》しそうに売《う》ってくれたおばちゃん。

ハーイ 大事《だいじ》にしまーす!

早速《さっそく》、ノコギリで木《き》を倒《たお》す方法《ほうほう》を教《おそ》わることに。

講師《こうし》は中村《なかむら》哲《さとし》さん。

哲《さとし》さんは、森林公園《しんりんこうえん》「くつきの森《もり》」が、「朝日《あさひ》の森《もり》」として親《した》しまれていた頃《ころ》から、この森林《しんりん》を管理《かんり》しており、スギ・ヒノキの植林《しょくりん》や世話《せわ》をされてきた。

このヒノキもおれが植《う》えて、枝《えだ》もおとしたんやけどなぁ…

まがってるし これを伐《き》ろう。

よし!これに決《き》めた!

ハイッ
シャキーン
ニリャ、まずは倒《たお》す方向《ほうこう》を決《き》めるんや!

すぐにノコをだすな!

木の根元《ねもと》に立《た》ち、枝《えだ》のはり具合《ぐあい》や重心《じゅうしん》の向《む》きをみて、決《き》める。

そして、いよいよノコギリの出番《でばん》!

ギーコ ギーコ
ギコギコギーコ
安全《あんぜん》のためロープをかけ、哲《さとし》さんにひっぱってもらう。

おーい。ノコがまがってる! まっすぐきれてへん
そうちゃうて! まっすぐやって!

まがっとるって。

そー
ギコギコ
ひゃー たおれたー
パサー…

もう少《すこ》し慎重《しんちょう》にきれ!ノコがまがっとるって!

いやー。このノコ、ようきれるわ。

さ!もう一本《いっぽん》たおそ!

2007.11.21

指導者は中村哲さん。森林公園「くつきの森」は、NPO法人麻生里山センターという団体が市の指定管理を受けて運営していますが、以前は某社が「朝日の森」という名で運営していました。中村さんは、その頃からの職員で、スギやヒノキの苗木を植えて、枝打ち、間伐《かんばつ》などをして育てたり、森内の環境整備などをされていました。

今回は木の切り方を一から講習。「伐採には思い切りが一番！」と勢いよくノコギリを入れると、「ちょっと待てェ！」と。実は中村さんは、木工品作りもするほど手が器用で仕事丁寧な方。山の手入れには、勢いより慎重できっちりとした性格が必要みたいです。

子どもたちに教えるのも上手な中村さん

野生の味で冬知らず!

作：オノミユキ

今回《こんかい》、紹介《しょうかい》する方《かた》は、
松原勲《まつばらいさお》さん、65才《さい》。
朽木《くつき》うまれ、朽木育《くつきそだ》ちの松原《まつばら》さんは、猟師《りょうし》である。
パ
ン
しとめる動物《どうぶつ》は
シカ
クマ
イノシシ。
そして、しとめた獲物《えもの》は
必《かなら》ず食《た》べるのだ!
いただきまーす
地球上《ちきゅうじょう》に授《さず》かった、同《おな》じ命《いのち》や。撃《う》つことを遊《あそ》びにしとるんと、ちゃうんやから、奪《うば》った命《いのち》は、無駄《むだ》なく、いただかんとあかんのや。
ということで登場《とうじょう》!
特製《とくせい》手作《てづく》りタレ漬けの
シカ肉《にく》です!!
これを、炭火《すみび》で焼《や》くのだ!
ん!うまいっ?!
くさみもないし、
肉質《にくしつ》もしっかりしている!
それから、松原《まつばら》さん、自慢《じまん》の一品《いっぴん》!
シカ肉《にく》のたたきである。
これがまたウマイ!
肉《にく》はやわらかいし、
にんにくとネギがたっぷりで、絶妙《ぜつみょう》なコンビネーション。
むむーっ!
野生《やせい》の力《ちから》が体中《からだじゅう》にみなぎり、
オノミユキ、
パワーアップ!!
最近《さいきん》、ツノが生《は》えやすくなったのも…、シカのパワー!?
こりゃーっ
ヒョエ〜

2007.12.19

朽木の獣害《じゅうがい》は深刻で、柵なしには田畑ができず、まるで人間が檻《おり》のなかにいるよう。山の食糧不足で里に下りてきたとか、暖冬のため冬を乗り切るシカが増えたなど、要因は様々です。

松原勲さんは、シカを減らすために鉄砲を握る時もあるものの、喜んで殺すわけではありません。命を奪った以上は「食べる」ことで成仏《じょうぶつ》させたいと思っています。そこでシカ料理をもてなし、山の味を広めることに取組み中。野生動物の肉は、不衛生・臭い・硬いという印象がありますが、松原さんの手にかかると「ウマイ!」に変身。野生の肉を食べれば風邪も引かず寒さも吹っ飛ぶらしいので、私もモリモリ食べて冬を乗り切るぞ!

問い合わせは平良《へら》ふれあいセンター
松原勲さん　TEL0740-38-5136

明けましておめでとうございます!

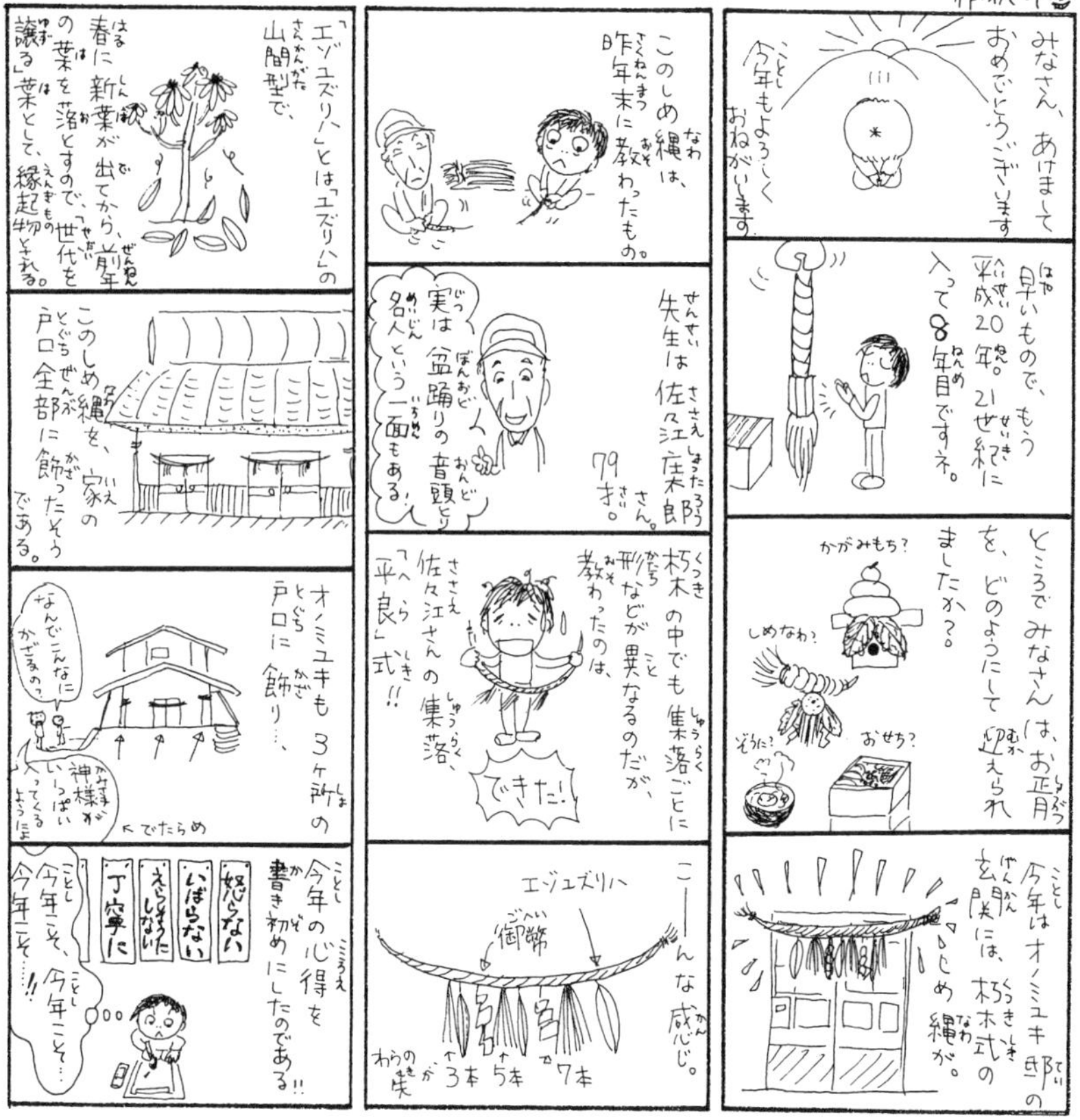
作:オノミユキ
みなさん、あけましておめでとうございます
今年《ことし》もよろしくおねがいします。
早《はや》いもので、もう平成《へいせい》20年《ねん》。21世紀《せいき》に入って8年目《ねんめ》ですネ。
ところでみなさんは、お正月《しょうがつ》をどのようにして迎《むか》えられましたか?
かがみもち?
しめなわ?
ぞうに?
おせち?
今年《ことし》はオノミユキ邸《てい》の玄関《げんかん》には、朽木《くつき》式《しき》のしめ縄《なわ》が。
このしめ縄《なわ》は、昨年末《さくねんまつ》に教《おそ》わったもの。
先生《せんせい》は佐々江《ささえ》庄太郎《しょうたろう》さん。79才《さい》。
実《じつ》は盆踊《ぼんおど》りの音頭《おんど》とり名人《めいじん》という一面《いちめん》もある!
朽木《くつき》の中でも集落《しゅうらく》ごとに形《かたち》などが異《こと》なるのだが、教《おそ》わったのは、佐々江《ささえ》さんの集落《しゅうらく》、「平良《へら》」式《しき》!!
できた!
こーんな感《かん》じ。
エゾユズリハ
御幣《ごへい》
わらの先《さき》が3本 5本 7本
「エゾユズリハ」とは「ユズリハ」の山間型《さんかんがた》で、春《はる》に新葉《しんば》が出《で》てから、前年《ぜんねん》の葉《は》を落《お》とすので、「世代を譲《ゆず》る」葉《は》として、縁起物《えんぎもの》とされる。
このしめ縄《なわ》を、家《いえ》の戸口《とぐち》全部《ぜんぶ》に飾《かざ》ったそうである。
オノミユキも3ケ所《しょ》の戸口《とぐち》に飾《かざ》り…、
なんでこんなにかざるの?
神様《かみさま》がいっぱい入ってくるようにょ
←でたらめ
今年《ことし》の心得《こころえ》を書《か》き初《ぞ》めにしたのである!!
怒らない
いばらない
えらそうにしない
丁寧に
今年《ことし》こそ、今年《ことし》こそ…
今年こそ…!!

2008.1.9

お正月には子や孫が帰省する家庭が多く、朽木は賑やかになります。年末はおせちや門松、お餅の準備で大忙し。しめ縄作りもそのひとつで、今も朽木式のしめ縄は健在です。

ぞうりやわらじ編みなどわら仕事は昔の冬仕事でした。もち米のわらが長く柔らかいので細工に適しているとか。また米が実る前の葉、茎が青いうちに稲を刈ることを「青刈り」といい、見栄えもよいです。

今はわら仕事をしない佐々江さんですが、手が覚えているのか、手つきはすばらしいものです。私も5本作りましたが、佐々江さんからいただいたものを玄関に飾りました。私のしめ縄ではよいお正月が迎えられない気がして…。

山仕事からわら仕事までなんでもこなす佐々江さん

わが家でミニミニどんど

作：オノミユキ

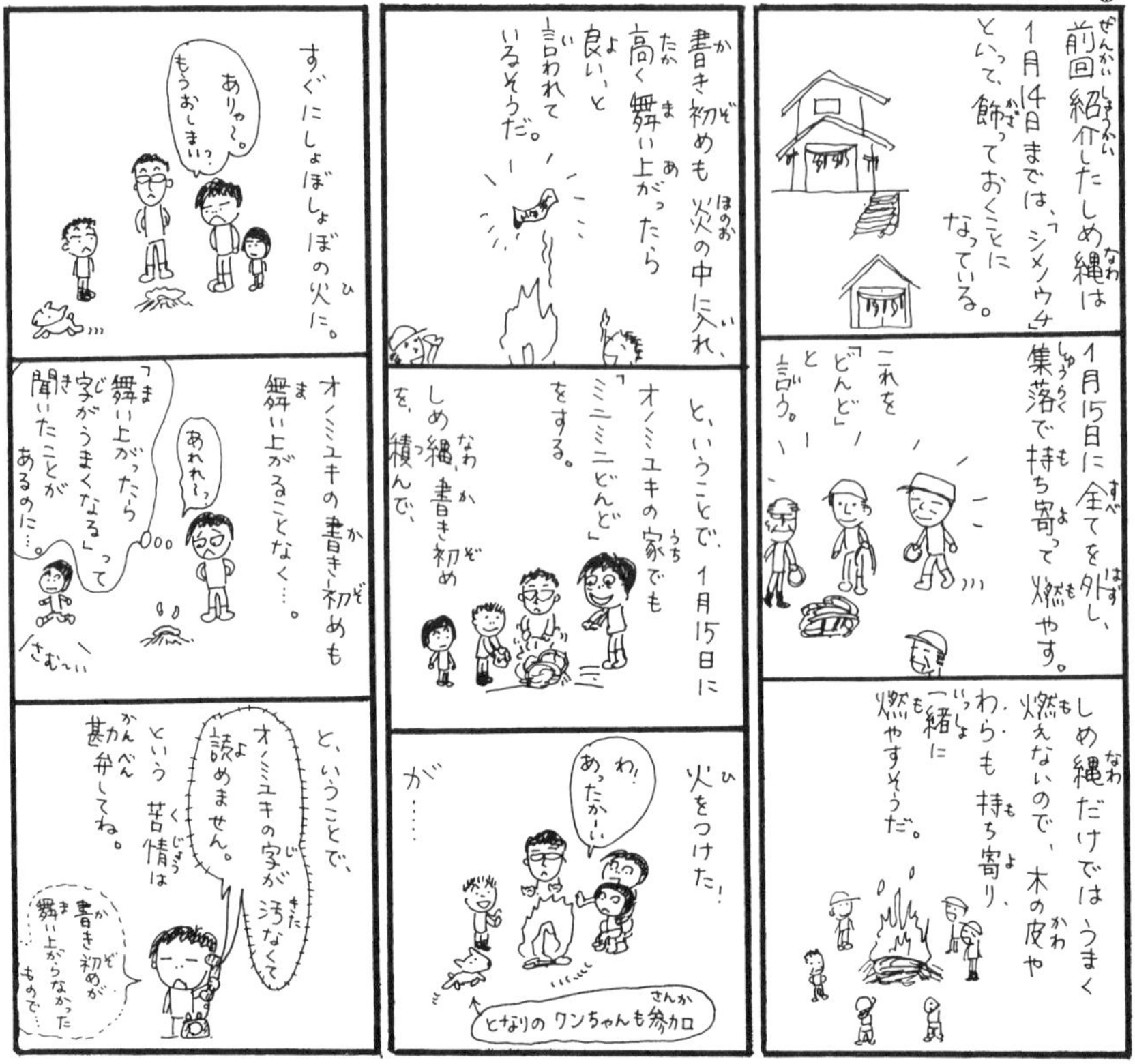

前回《ぜんかい》紹介《しょうかい》したしめ縄《なわ》は1月14日までは、「シメノウチ」といって、飾《かざ》っておくことになっている。

1月15日に全《すべ》てを外《はず》し、集落《しゅうらく》で持《も》ち寄《よ》って燃《も》やす。

これを「どんど」と言《い》う。

しめ縄《なわ》だけではうまく燃《も》えないので、木の皮《かわ》やわらも持《も》ち寄《よ》り、一緒《いっしょ》に燃《も》やすそうだ。

書《か》き初《ぞ》めも炎《ほのお》の中に入《い》れ、高《たか》く舞《ま》い上《あ》がったら良《よ》い、と言《い》われているそうだ。

と、いうことで、1月15日にオノミユキの家《うち》でも「ミニミニどんど」をする。

しめ縄《なわ》、書《か》き初《ぞ》めを、積《つ》んで、
火《ひ》をつけた！

わ！あったかーい
が……

となりのワンちゃんも参加《さんか》
すぐにしょぼしょぼの火《ひ》に。

ありゃ～。もうおしまい？

オノミユキの書《か》き初《ぞ》めも舞《ま》い上がることなく…。

あれれ～？

「舞《ま》い上がったら字《じ》がうまくなる」って聞《き》いたことがあるのに…。

さむ～い
と、いうことで、
オノミユキの字《じ》が汚《きた》なくて読《よ》めません。

という苦情《くじょう》は勘弁《かんべん》してね。

書《か》き初《ぞ》めが舞《ま》い上がらなかったもので…

2008.1.23

元旦に雪が30㎝程積もりましたがすぐにとけ、16日に再び少し積もりました。雪のない冬は寂しいものです。

しめ縄を教えてくれた佐々江さんから「どんど」のことを聞きました。みんなで餅をひとつずつ持ち寄り、正月飾りや書き初めを燃やした残り火で焼き、ひとつまみずつ食べるそうです。直火《じかび》で焼くので焦げるけれど、こげを落として食べるのもおいしいとか。

私の住む集落では今は「どんど」を行いません。そこで、うちだけで開催。餅を焼く間もなく火は消え、寒くて家に駆け込みました。

やっぱりみんなで集まって大きな火を囲まないとね。

MIKI HOUSE

子どもも炎もかわいらしいでしょ

発酵食品の代表、なれずし

作：オノミユキ

2008.2.20

私のなれずし。完食しちゃいました！

「鯖のなれずし」は朽木の代表的な食べ物です。鯖を使った食べ物はこの他、鯖寿司、ぬた、鯖ソーメン、へしこ、焼き鯖…いろいろあり、昔のご馳走でした。なれずしは冬の大事な保存食でした。私は白ご飯にのせて食べます。風邪の引き始めにお湯に入れて飲むと身体が暖まって治るとか。また、軽くあぶったりお茶漬けにしたりと楽しみ方は様々。

初めて食べる方、キツイにおいにびっくりしないでね。驚いて「腐ってる！」と店に電話する人もいるとか。腐敗臭ではなく発酵臭で、身体にはとってもいいのです。「海のチーズ」という別名がつくほど、優れた発酵食品なのです。道の駅や日曜朝市で販売していますので、是非お試し下さい。

雪が嬉しいは×。雪に困ったは○

作：オノミユキ

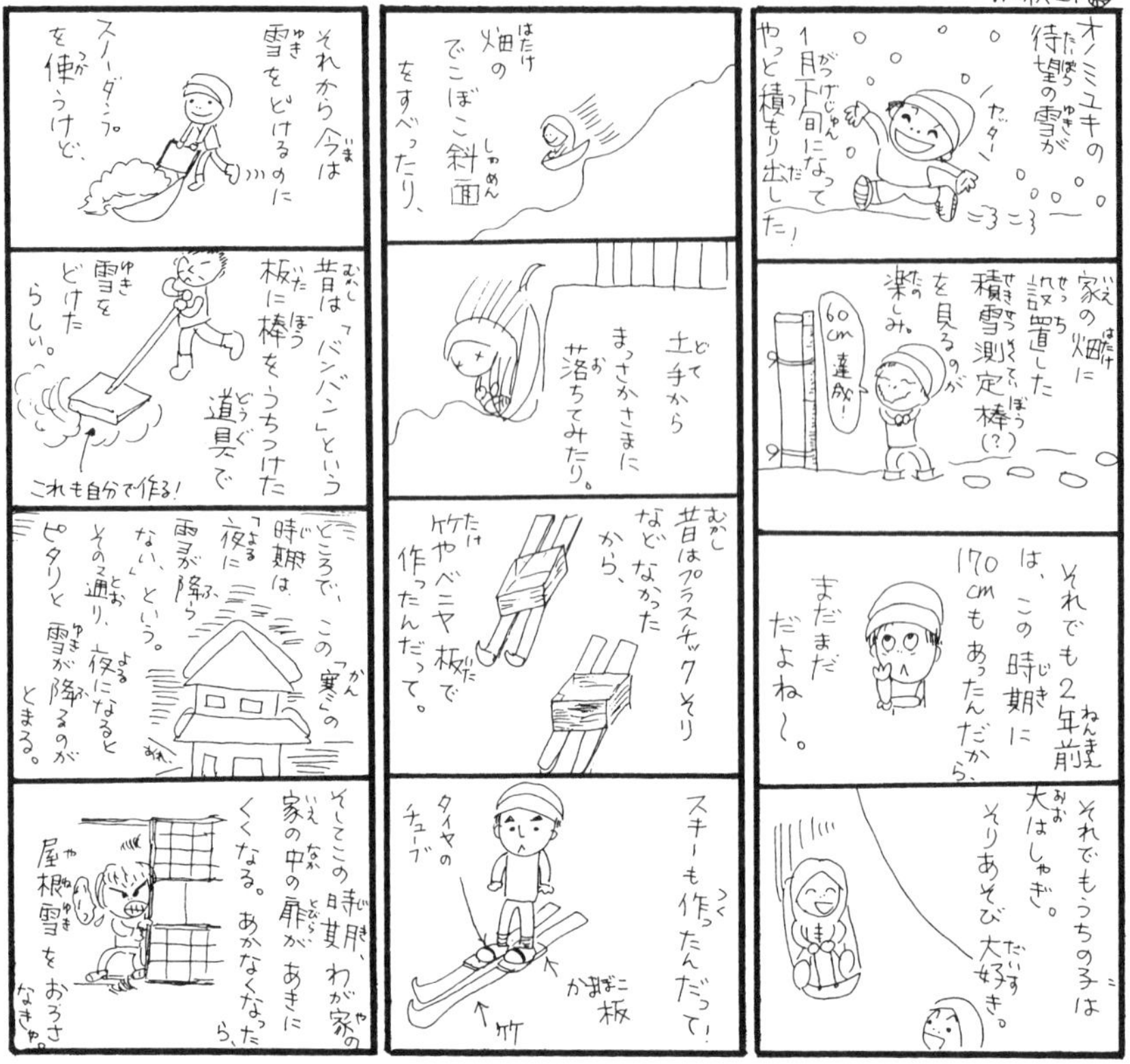

オノミユキの待望《たいぼう》の雪《ゆき》が
ヤッター
1月下旬《がつげじゅん》になってやっと積《つ》もり出《だ》した！
家《いえ》の畑《はたけ》に設置《せっち》した積雪測定棒《せきせつそくていぼう》(?)を見るのが楽《たの》しみ。
60cm達成！
それでも2年前《ねんまえ》は、この時期《じき》に170cmもあったんだから、
まだまだだよねー。
それでもうちの子には大《おお》はしゃぎ。そりあそび大好《だいす》き。
畑《はたけ》のでこぼこ斜面《しゃめん》をすべったり、
土手《どて》からまっさかさまに落《お》ちてみたり。
昔《むかし》はプラスチックそりなどなかったから、竹《たけ》やベニヤ板《いた》で作ったんだって。
スキーも作《つく》ったんだって！
タイヤのチューブ
かまぼこ板
竹
それから今《いま》は雪《ゆき》をどけるのにスノーダンプを使《つか》うけど、
昔《むかし》は「バンバン」という板《いた》に棒《ぼう》をうちつけた道具《どうぐ》で雪《ゆき》をどけたらしい。
これも自分で作る！
ところで、この「寒《かん》」の時期《じき》は「夜《よる》に雪が降《ふ》らない」という。
その通《とお》り、夜《よる》になるとピタリと雪《ゆき》が降《ふ》るのがとまる。
そしてこの時期《じき》、わが家《や》の家《いえ》の中《なか》の扉《とびら》があきにくくなる。あかなくなったら、屋根《やね》雪《ゆき》をおろさなきゃ。

2008.2.20

雪好きの私ですが、朽木では「どんどん積もれ！」は禁句。「えらい雪で大変ですね」と言うのがルールです。

昔は今の倍以上の積雪があり、除雪車も来なかったので、親は通学路を早朝から足で踏み固めるのが日課でした。道具も防寒着も手作りで、大変だったでしょう。でも子ども達は雪が好きだったようで、カバンを坂から滑らせたり、斜面を滑って通学したそうです。

凍った雪面を歩ける様子を〝かりんこ〟と呼ぶある地区では「〝かりんこ〟しよう」と楽しんだそうです。

私もたまに雪に参ることも。でも厳しい冬があるから春の訪れが待ち遠しいのです。

雪遊びが大好きなうちの子ふたり

拾ったもん勝ち、だんごまき

作:オバミユキ

2月《がつ》17日《にち》にお寺《てら》でだんごまきをするので子《こ》どもさんと来《き》てね。

ありがとうございます
と、お寺《てら》の奥さんから電話《でんわ》。

そうそう。2月《がつ》15日《にち》は「涅槃会《ねはんえ》」。おしゃか様《さま》の亡《な》くなった日《ひ》。

この日《ひ》にだんごまきがあるのですが、
電話《でんわ》を下《くだ》さった林慶寺《りんけいじ》では、毎年《まいとし》、子《こ》どもがお休《やす》みの日《ひ》に変更《へんこう》して行《おこな》っている。

今年《ことし》は日《にち》ようびか。

ところが2月17日は朝《あさ》から雪《ゆき》。

雪《ゆき》かきもそこそこに出発《しゅっぱつ》
着《つ》いたらお寺《てら》の念仏《ねんぶつ》はもう始《はじ》まっていた。

お坊《ぼう》さんのお話《はなし》のあと、奥《おく》さんが紙《かみ》しばいをしてくれる。

おしゃかさまは…このひ、なくなったのです…

そしてさあ、いよいよだんごまき。

さあ、おそなえもの、まくで〜

わー
すると…!

おかあさん……おしっこ……

これからだんごまきやで〜

ズーン
いくでェ〜

おくれをとったがすっきりしたところではりきって拾《ひろ》うふたり。

いっぱい拾《ひろ》えてよかった〜

ふと、吹雪《ふぶき》の中《なか》、帰《かえ》る。

近所《きんじょ》のおじいさんに、
だんごまきの、おすそわけです。

おう。雪《ゆき》かきもせんとどこへほっつき歩《ある》いとるかと思《おも》ったら、だんごまきへいったんか。

帰《かえ》ったら我《わ》が家《や》は雪《ゆき》の中。

だんごまきを楽《たの》しんだあとは、えっちらおっちら雪《ゆき》かきだ。

2008.3.19

大勢集まったお寺で、念仏の間に焼香の箱が回され焼香し、お坊さんのお話です。だんごまき目当ての子ども達は、そわそわ。「静かに」「お話を聞きなさい」と注意され、正座をこらえた後、お寺の奥さんの紙芝居。涅槃会を説明してもらいました。

いよいよお待ちかねのだんごまき。昔は役員さん手作りのだんごだけでしたが、今はお供えのチョコや飴などもまかれます。この時は年齢関係なく拾った者《もん》勝ち。小さな子は飛んできた飴がおでこに当たって泣きそうになったり。年上の子は袋いっぱいで大満足。

本来だんごまきは「お釈迦様の遺骨を奪い合う弟子に、だんごを遺骨に見立てて平等に分ける」こととか。昔も今も、物を欲しがる気持ちは同じですね。

だんごまきの後、お参りするふたり

いっぷくコラム

山村暮らしのコツ 6ヶ条

1\. 出かけるときは、「○○へ行って来ます!」とご近所さんにお声かけ。

2\. 「雪が多くて嬉しいな」は禁句です。「雪が多くて大変や」が基本です。

3\. 「しゃあないな〜(=仕方ないな)」と思えばなんでも許せるよ。

どこへ行くのか聞かれる前に言っておいた方がお互い安心。
何か買い物を頼まれることもありますからね。

地元の人がしんどいな、と思うことはしんどいので同情しましょ。
「雪、雪、降れ降れ!」は心の中か家の中だけで唱えましょう!(↑私)

山奥だからサービスが行き届かない、とか、放っておかれていると思うと腹立つけれど、その不便さを楽しもうと思えば楽しく思えます。
合言葉は「こんなトコやし、しゃあないな〜」

4. 地元の人はみんな親戚関係。だからうっかり話に気をつけて！

ちょっと気に食わない人がいたり出来事があっても、悪口は禁物！
親戚だったり友人だったりします。
どうであれ、悪口は気持ちのいいものではありませんしね。

5. 聞くんだったら聞かれることも受け入れよう。

地元の人に教えて欲しいことはいっぱい。いろいろ聞けば快く教えてくれます。
でも、逆に聞かれる機会も多いです。聞かれることにも抵抗せず受け入れましょ。

6. 子育て話は上手に付き合おう。

昔と今とは子育ての仕方が違います。「昔はああした、こうした」という話をされても「今の子育ては違います！」とは言わないように。「そうなんですか。」と受け流しましょ。とっても役に立つアドバイスとなることも。私の場合、子育ての方法の食い違いで不快な思いをしたことはなく、むしろ励ましてもらうことが多くてありがたいです。

オマケ 車のガソリンは満タンに！

便利グッズも
ここでは
役に立たない！
ガビーン

国道からうちの家まではガソリンスタンドがないので、ガソリンの量を気を付けておかないと道中でガス欠になったらエライ目に遭います。助けを呼びたくても圏外なので、ケータイが通じません。ご注意を！

きりっとしゃきっと！も必要だね

作：オノミユキ

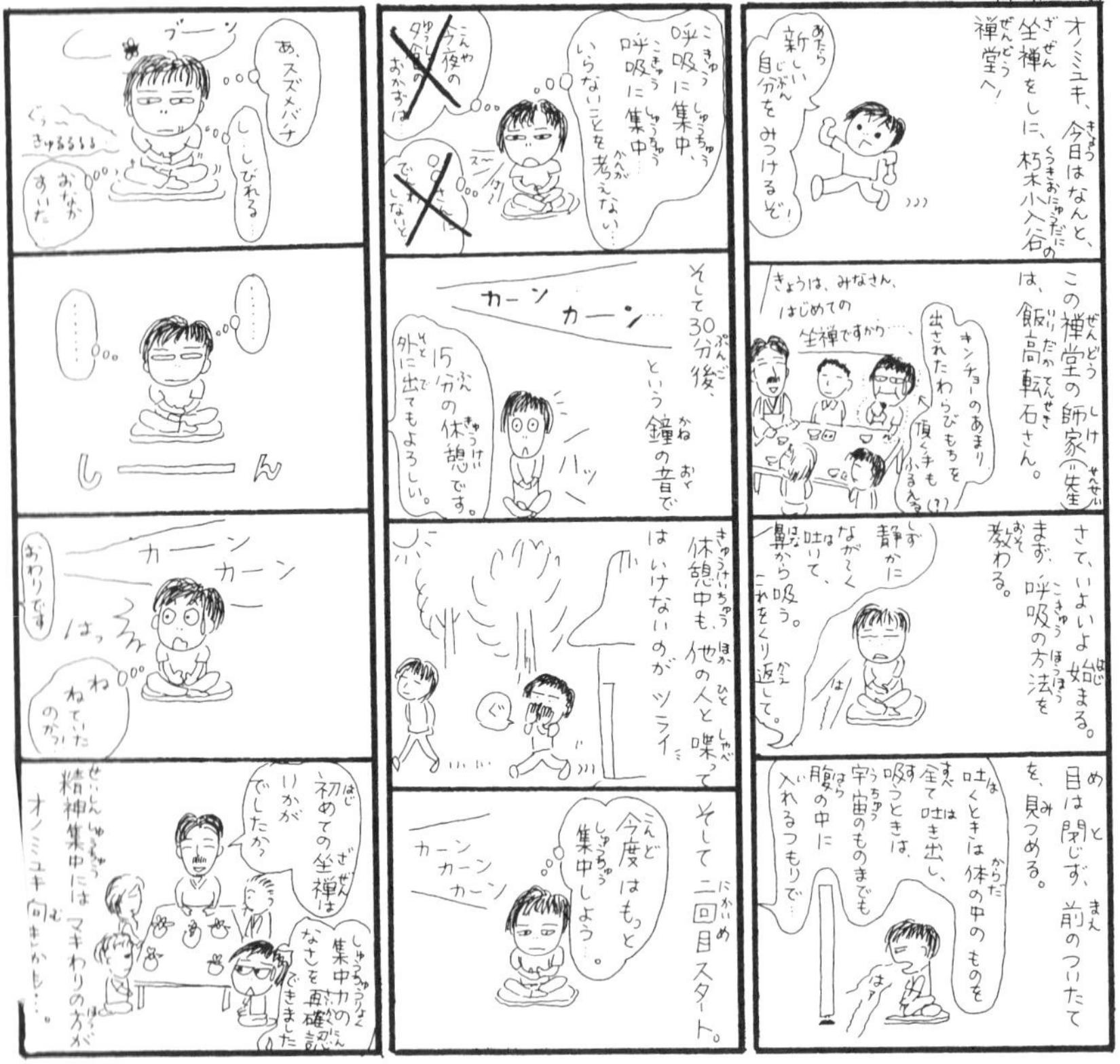
オノミユキ、今日《きょう》はなんと、
坐禅《ざぜん》をしに、朽木小入谷《くつきおにゅうだに》の
禅堂《ぜんどう》へ！
あたら新しい自分《じぶん》をみつけるぞ！
この禅堂《ぜんどう》の師家《しけ》(=先生《せんせい》)は、飯高転石《いいだかてんせき》さん。
きょうは、みなさん、はじめての坐禅ですから……
キンチョーのあまり出されたわらびもちを頂く手もふるえる(?)
さて、いよいよ始《はじ》まる。まず、呼吸《こきゅう》の方法《ほうほう》を教《おそ》わる。
静《しず》かにながーく吐《は》いて、鼻《はな》から吸う。これをくり返《かえ》して。
目《め》は閉《と》じず、前《まえ》のついたてを、見つめる。
吐《は》くときは体《からだ》の中《なか》のものを全《すべ》て吐《は》き出し、吸《す》うときは、宇宙《うちゅう》のものまでも腹《はら》の中に入れるつもりで…
はぁ
呼吸《こきゅう》に集中《しゅうちゅう》、呼吸《こきゅう》に集中《しゅうちゅう》…いらないことを考《かんが》えない…
今夜《こんや》の夕食《ゆうしょく》のおかずは…
スー
そして30分《ぷん》後、という鐘《かね》の音《おと》で
カーン カーン…
15分《ふん》の休憩《きゅうけい》です。外《そと》に出てもよろしい。
ハッ
休憩中《きゅうけいちゅう》も、他《ほか》の人《ひと》と喋《しゃべ》ってはいけないのがツライ
ぐ
そして二回目《にかいめ》スタート。
カーン カーン カーン
今度《こんど》はもっと集中《しゅうちゅう》しよう…。
ブーン
あ、スズメバチ
し…しびれる…
ぐぅ～ きゅるるるる
おなかすいた
……
……
し――ん
カーン カーン
おわりです
はっ
ねね ねていたのか!!
初《はじ》めての坐禅《ざぜん》はいかがでしたか？
集中力《しゅうちゅうりょく》のなさを再確認《さいかくにん》できました
精神集中《せいしんしゅうちゅう》にはマキわりの方《ほう》がオノミユキ向《む》きかも…。

2008.6.25

坐禅って怖い印象があったのですが、最近坐禅の呼吸法が脳を活性化して元気になる効果があるそうで、見直されているそうです。

初の坐禅体験でしたが、私は昼食が楽しみでした。飯高さんによると「食事も坐禅の一部」なので昼食中もおしゃべり禁止。でも身体に良い食事には満足でした。私たちの身体作りに必要な食べ物への感謝。食材提供者への感謝。料理人への感謝。数え切れない程の方々の手で食卓に上るのだと気付き「いただきます」の意味を考え直したくなりました。

また坐禅をしたいですか？と聞かれると…正直、う～ん。だからいつまでたっても、落ち着きのなさは直らないのかなぁ。

昼食、うまかったな
朽木學道舎
TEL/FAX 0740-38-5173

郵 便 は が き

お手数なが
ら切手をお
貼り下さい

5 2 2-0 0 0 4

滋賀県彦根市鳥居本町 655-1

サンライズ出版 行

〒
■ご住所

■お名前《ふりがな》　　■年齢　　歳　男・女

■お電話　　■ご職業

■自費出版資料を　　希望する ・ 希望しない

■図書目録の送付を　　希望する ・ 希望しない

サンライズ出版では、お客様のご了解を得た上で、ご記入いただいた個人情報を、今後の出版企画の参考にさせていただくとともに、愛読者名簿に登録させていただいております。名簿は、当社の刊行物、企画、催しなどのご案内のために利用し、その他の目的では一切利用いたしません（上記業務の一部を外部に委託する場合があります）。

【個人情報の取り扱いおよび開示等に関するお問い合わせ先】
サンライズ出版 編集部　TEL.0749-22-0627

■愛読者名簿に登録してよろしいですか。　□はい　□いいえ

ご記入がないものは「いいえ」として扱わせていただきます。

愛読者カード

ご購読ありがとうございました。今後の出版企画の参考にさせていただきますので、ぜひご意見をお聞かせください。なお、お答えいただきましたデータは出版企画の資料以外には使用いたしません。

●書名

●お買い求めの書店名（所在地）

●本書をお求めになった動機に○印をお付けください。

1．書店でみて　2．広告をみて（新聞･雑誌名　　　　　　）

3．書評をみて（新聞･雑誌名　　　　　　）

4．新刊案内をみて　5．当社ホームページをみて

6．その他(　　　　　　)

●本書についてのご意見・ご感想

購入申込書　小社へ直接ご注文の際ご利用ください。お買上 2,000 円以上は送料無料です。

書名　（　　　冊）

書名　（　　　冊）

書名　（　　　冊）

盛り上がったよ、運動会

作：オノミユキ

秋《あき》といえば運動会《うんどうかい》。
9月6日《がつむいか》(土)に、朽木西小学校《くつきにししょうがっこう》の運動会《うんどうかい》が開催《かいさい》。
朽木西小《くつきにししょう》には、生徒《せいと》が5人《にん》しかいない。
だから、地区《ちく》の運動会《うんどうかい》も、一緒《いっしょ》に行《おこな》う。
だから、観戦者《かんせんしゃ》は子《こ》どもの数《かず》のわりに多《おお》い。
が、平均年齢《へいきんねんれい》が高《たか》い！
そこで、朽木東小学校《くつきひがししょうがっこう》や朽木中学校《くつきちゅうがっこう》の生徒《せいと》が応援《おうえん》にくる。
種目《しゅもく》もいろいろ。ちびっこからお年《とし》よりまで出《で》られるものが勢《せい》ぞろい。
プログラム
かけっこ
玉いれ（全員）
つなひき（大人対子ども）
丸太きり競争
いっぱいひろおう（幼児）
おやこしゅもく
全員リレー
その中《なか》でも、この地区《ちく》ならではの種目《しゅもく》は…
丸太《まるた》きり競争《きょうそう》！
朽木人魂《くつきじんだましい》がよみがえるのだ！
うまく切《き》ることのできない子《こ》どもがいると、
アドバイザーがわらわらと集《あつ》まってくる。
アーヤコーヤ
さて、見《み》ごたえのある種目《しゅもく》は…
朽木西小《くつきにししょう》の生徒《せいと》による太鼓《たいこ》の演奏《えんそう》。
ドンドコ
ドンドコ…
みごとなバチさばきに
パチ パチ パチ パチ パチパチ パチ パチー
拍手喝采《はくしゅかっさい》!?!
オノミユキも子《こ》どもにまざって、いろいろな種目《しゅもく》に出《だ》させてもらい…
参加賞《さんかしょう》をどっちゃりもらってしまった。
イヒヒヒヒ…
しかも、福引《ふくび》きで4等《とう》があたり、穴《あな》あきクッションをもらってしまった。
とびいり参加《さんか》だったのにいろいろもらっちゃった運動会《うんどうかい》でした。

2008.9.3

水入りビール瓶で力試しをする子どもたち。中央がうちの息子

全校生徒5名の朽木西小学校の運動会は、とっても家庭的な雰囲気。地区の方々の他、朽木東小と朽木中から応援に駆けつけて地域一体型です。

恒例種目の「力試し」は、水入りの一升瓶を両手に持って、誰が長く持てるかを競います。私も出場したけれどビリから3位。3人も4人も子育てしているお母さん選手には及びませんでした。最後は「江州音頭」。これなら出場できるわ、と全員が輪になり、地元の方の生声で踊りました。生徒代表の朽木西小3年生児童の挨拶で締めくくられ閉会。

地域がひとつになって運動会を盛り上げるという姿は、人口が減った今でも変わらないのでしょうね。

元気百倍、朽木山行会

作：オオミユキ

さわやかな秋晴《あきば》れの日《ひ》、朽木山行会《くつきさんこうかい》の登山《とざん》に参加《さんか》。
おはようございまーす
実《じつ》は、この日《ひ》に山《やま》に登《のぼ》るのには意味《いみ》がある。
おっちゃんたちの会話《かいわ》といえば、
おう、マッタケでたか？
○○の××の山でとったらしい
今年《ことし》は豊作《ほうさく》け？
そう!! マッタケとり……ではないのだが、ねらいはマイタケ♡
さあて、この辺《あた》りからか
山頂《さんちょう》を過《す》ぎ、下山《げざん》にさしかかった辺《あた》りから、皆《みな》わらわらと道《みち》から外《はず》れ、
ミズナラの木《き》の根元《ねもと》をチェック！
途中《とちゅう》、バラバラ行動《こうどう》が行《ゆ》き過《す》ぎ、中野《なかの》さんが行方不明《ゆくえふめい》に!!
あれ？中野《なかの》さんは？
えっ？知らんぞ
マイタケさがしを中断《ちゅうだん》し、手《て》わけして中野さんさがしに変更《へんこう》！
おーい！なかのさーん！
おーい!!
おーい!!
そしたら、中野《なかの》さんは、先《さき》に下山《げざん》していたことが判明《はんめい》！
あー！いた!!
みんなでさがしとったんやで！
おう！みんなどうしたんや！
中野《なかの》さんはみつかったものの、残念《ざんねん》ながら えものは見《み》つからず…。
大人《おとな》ふたりが抱《かか》えるほどの大木《たいぼく》にしか出《で》ませんからねェ。
と、マイタケとり名人《めいじん》。
仕方《しかた》ないので、名人《めいじん》が事前《じぜん》にとっていてくれたマイタケで、おつかれ様《さま》パーティ。
すきやき
炭火《すみび》やき
てんぷら
いやぁん！どれも最高《さいこう》～♡
そして、もうひとつ、おいしいものの出番《でばん》がまっていた！
それは次号《じごう》のおたのしみ！

2008.10.15

朽木の山にはたくさんの峠道がありました。山を越えて行商などで村人が行き来する道です。自動車と道路ができて、峠道は荒れ、跡形もなくなりました。そこで昔の峠道を復活させようと立ち上がったのが朽木山行会です。

当初のメンバーは、ほぼ全員朽木出身者。古老の記憶をたどり道を整備した結果、今は立派な登山道に。

今、朽木山行会にも移住者や村外者も加わり、細々ですが和やかに活動中です。山の詳しい話や地元の話も聞ける。これがこの会の魅力です。「誰それの山が…」「どこどこの谷が…」とわからない固有名詞も登場しますが、朽木のおっちゃんたちの元気さとおもしろさには圧倒されます。

70歳過ぎたおっちゃんたちも、もりもり登山

そばは手打ちが一番

作：オミユキ

朽木山行会《くつきさんこうかい》の登山《とざん》、
そしてマイタケのあと、
待《ま》っていたのは
手打《てう》ちそば!?
打《う》ってくれたのは
山本利幸《やまもととしゆき》さん。
このそばは、朽木中牧《くつきなかまき》にある「山帰来《さんきらい》」という館《やかた》で出《だ》してくれる。
この日《ひ》はわが山行会《さんこうかい》が
ぜいたくにも貸《か》し切《き》り。
メニューはかけそばか
ざるそば。
オミユキは、ざるそば
山行《さんこう》に参加《さんか》したわが子《こ》ふたりは、おにぎり、おやつを食《た》べたあとなのでそんなに食《た》べられないだろうと思《おも》い、
3人《にん》で2まいでいいです。
と注文《ちゅうもん》。
そしたら……!
たべる
たべる
たべる
たべる
え…
あっという間《ま》に
からっぽ…
もったいない。一本残らず…
すると…!
おかあさ〜ん、おかわり〜
!え?
そしてなんと…!
たべる
たべる
たべる
おかあさんの分《ぶん》は?
はい、あげる
1本《ぽん》かい?。
母《はは》は結局《けっきょく》、
そば湯《ゆ》を楽《たの》しんだのだった…。
そば湯《ゆ》もウマイ…
身にしみ〜るッ

2008.10.29

手打ちそば、復活願いますよ、山本さん！

「山帰来」の管理運営者は、NPO法人朽木針畑山人協会です。山本利幸さんもそのメンバーのひとりです。

山本さんは、平日は地区の簡易郵便局の局長さん。週末は山帰来の管理と、最近購入した古民家の屋根の葺き替えと内装工事…。とても忙しい日々の中でのそばうち修行。

私が修行当初の山本さんのそばを食べた7年前よりも、さらに麺にこしと味がありました。みんな、天然だしのつゆまで飲み干していました。

現在（2012年）、山帰来の管理者が変わり、そばの提供もできなくなりました。ごめんなさい！

だんごまきに参加させてもらってありがとう

作:オバミユキ

2月《がつ》15日《にち》は、お釈迦様《しゃかさま》の命日《めいにち》。お亡《な》くなりになられた日《ひ》です。

悲《かな》しんだ弟子《でし》たちはお釈迦様《しゃかさま》の遺骨《いこつ》を皆《みな》でわけあったそうだ。

遺骨《いこつ》をだんごに見立《みた》てて、お寺《てら》では「だんごまき」が行《おこな》われる。

こんにちはァ
だんごまきに来《き》てねー。

と、隣《となり》の集落《しゅうらく》のお寺《てら》の奥《おく》さんからお誘《さそ》いを頂《いただ》き、
ふたりの子《こ》をつれてだんごまきに出発《しゅっぱつ》!ところが…。

もう!おくれるやんか。早《はや》くじゅんびしないからや!

=3=3
お寺《てら》では、まずお念仏《ねんぶつ》。そしてお坊《ぼう》さんのお話《はなし》。

お釈迦様《しゃかさま》は、食《た》べたものでお腹《なか》をこわされ、亡《な》くなりました。その食《た》べものを出《だ》した弟子《でし》は責任《せきにん》を感《かん》じました。

ところがお釈迦様《しゃかさま》は、「お前《まえ》のせいではない」とおっしゃった。

人《ひと》の責任《せきにん》にされなかったのです。

す…すごい
とかく我々《われわれ》は、つまらぬことでも、人《ひと》のせいにしがちですが、お釈迦様《しゃかさま》は、命《いのち》にかかわることでさえ、人《ひと》のせいにされなかった。

……

われわれは、その万分《まんぶん》の一《いち》でも、見習《みなら》いたいものです。なかなかできませんな。人《ひと》のせいにしない、ということ。

人のせいにしない…

人のせいにしない…

人のせいにしない…

人のせいにしない…

人のせいにしない…

人のせいにしない…

そしていよいよだんごまき。

おしゃかさまの遺骨…!

みんなたくさん拾《ひろ》えて大《おお》よろこび。

そして翌朝《よくあさ》…

ホラ!かたづけないから
ホラ!早《はよ》ねないからおきられない!

ホラ!ちゃんとしないからバスにおくれるやん!

人のせいにしてる…

2009.2.25

だんごやお菓子をいろいろと拾わせてもらったうちの子

今年の「涅槃会」は日曜日だったので、あちこちでだんごまきが行われたようです。私の住む木地山では各戸でだんごを作ってお供えします。

隣の集落のお寺の奥さんによる紙芝居は恒例となっており、うちの子どもたちも楽しみにしています。今年は、おひな様が飾られていて、ひなまつりの歌も歌いました。また、奥さんのフルート演奏もあり、盛りだくさんの涅槃会となりました。

朽木には昔の行事が残っています。私のように行事の当日だけ顔を出すのは簡単ですが、地元の方たちは準備から後片付けまで、大変なご苦労があります。私は朽木に移住してもうすぐ12年になるのに、その苦労は未だに知らず。それが良いのか悪いのか?

山と生活が一緒だった昔

作：オノミユキ

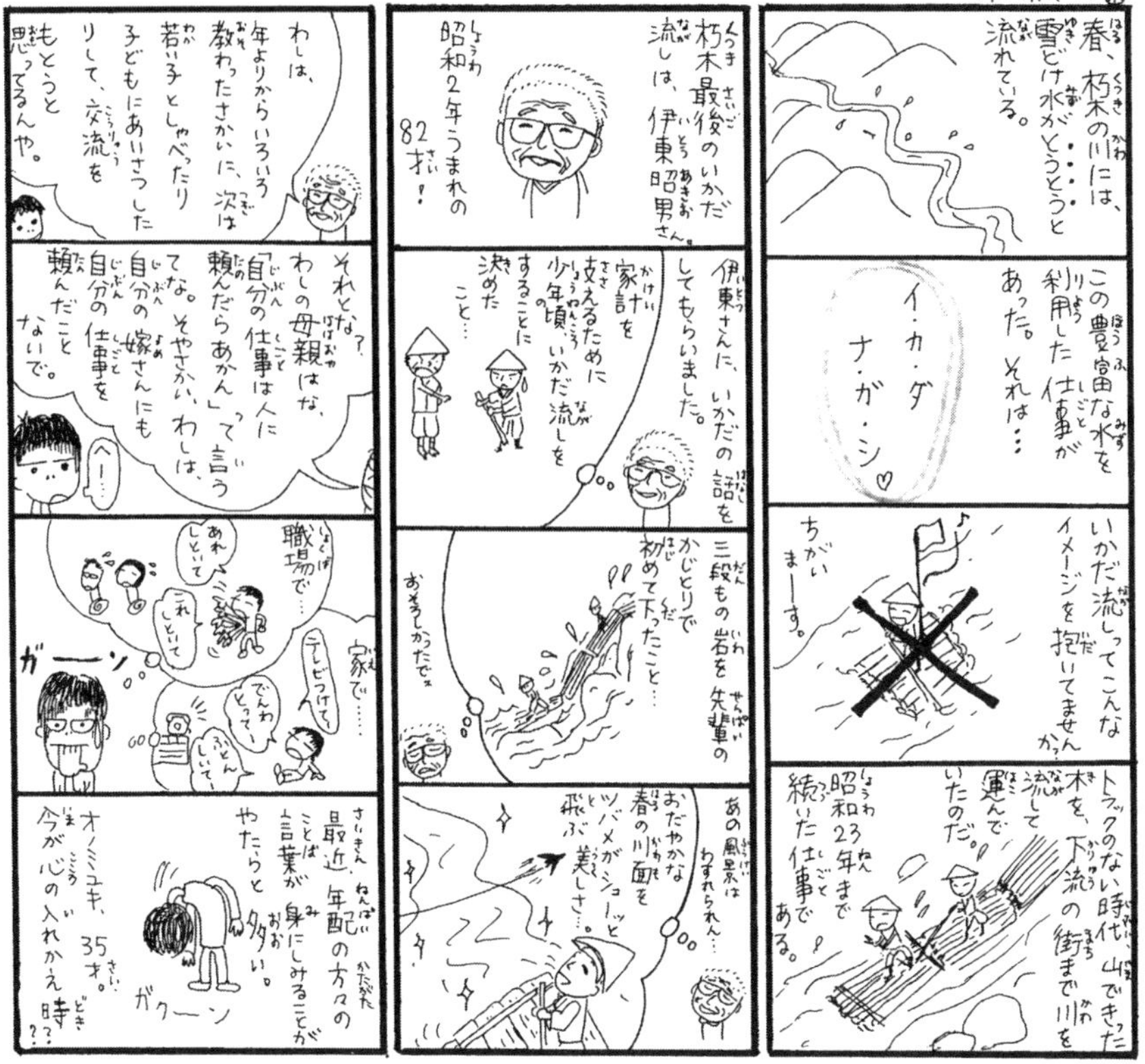

春《はる》、朽木《くつき》の川《かわ》には、雪《ゆき》どけ水《みず》が・・・・とうとうと流《なが》れている。

この豊富《ほうふ》な水《みず》を利用《りよう》した仕事《しごと》があった。それは・・・

イ・カ・ダ ナ・ガ・シ
いかだ流《なが》しってこんなイメージを抱《だ》いてませんか。

ちがいまーす。

トラックのない時代《じだい》、山《やま》で伐《き》った木《き》を、下流《かりゅう》の街《まち》まで川《かわ》を流《なが》して運《はこ》んでいたのだ。

昭和《しょうわ》23年《ねん》まで続《つづ》いた仕事《しごと》である。

朽木《くつき》最後《さいご》のいかだ流《なが》しは、伊東昭男《いとうあきお》さん。

昭和《しょうわ》2年うまれの82才《さい》！

伊東《いとう》さんに、いかだの話《はなし》をしてもらいました。

家計《かけい》を支《ささ》えるために少年頃《しょうねんころ》の、いかだ流《なが》しをすることに決《き》めたこと…

三段《だん》もの岩《いわ》を先輩《せんぱい》のかじとりで初《はじ》めて下《くだ》ったこと…

おそろしかったでぇ
あの風景《ふうけい》はわすれられん…

おだやかな春《はる》の川面《かわも》をツバメがショーッと飛《と》ぶ美《うつく》しさ…。

わしは、年よりからいろいろ教《おそ》わったさかいに、次《つぎ》は若《わか》い子としゃべったり子どもにあいさつしたりして、交流《こうりゅう》をもとうと思《おも》ってるんや。

それとなァ、わしの母親《ははおや》はな、「自分《じぶん》の仕事《しごと》は人に頼《たの》んだらあかん」って言《い》うてな。そやさかい、わしは、自分《じぶん》の嫁《よめ》さんにも自分《じぶん》の仕事《しごと》を頼《たの》んだことないで。

へー！…

職場《しょくば》で…

あれしといて
これしといて
家《いえ》で……

テレビつけて～

でんわとって～

ふとんしいて～

ガーーン。

最近《さいきん》、年配《ねんぱい》の方々《かたがた》の言葉《ことば》が身《み》にしみることがやたらと多《おお》い。

ガクーン
オノミユキ、35才《さい》。今《いま》が心《こころ》の入《い》れかえ時《どき》？？

2009.3.18

伊東昭男さん「今はみんな忙しくてせかせかしとるやろ。昔はもっとのんびりしてた気がするなあ」

「いかだ流しは賃金もよく、よい仕事だった」と話す伊東昭男さん。「いかだ流し」とは、梅雨明け～晩夏に山で伐採した木を皮をむいて乾かし、雪が積もると川の縁まで滑らせて、春になるといかだに組んで流す仕事のことです。伊東さんたちは2日程かけて山奥から針畑川→安曇川→琵琶湖まで流したとか。後、京都、大阪で材木として売られます。いかだ流しで家を支えられたそうなので、よほど材木が売れたのでしょう。

いかだをつなげるロープ代わりはネソ（マンサク）という木。かじ取り棒はまっすぐなコボシ（タムシバ）の木。昔は植物なしでは生活できず、自然と山を大事にしてきたわけです。

毎日新聞編

カエルの交通事故に気をつけて！

作:オノミユキ

4月《がつ》10日《とおか》ごろになると、うずうずするオノミユキ。
うず
なぜなら…
ヒキガエルに会《あ》える時期《じき》が来《く》るから!!
なまぬる〜い雰囲気《ふんいき》の、雨《あめ》の日《ひ》の晩《ばん》、水《みず》たまりめざして、どこからともなく集《あつ》まるヒキガエたち。
と、鳴《な》くのはオス。
グッグッグッ ゴッゴッゴッ ゴッゴー
山《やま》から出《で》てきて、愛《あい》するメスを求《もと》めて集《あつ》まるのだ。
ぐっ
お目当《めあ》てを見《み》つけると、すかさず飛《と》びつく。
そして交尾《こうび》し、
卵《たまご》をうむ。
とうめいろの管《くだ》の中に黒いつぶのたまごがいーっぱい
でも、ヒキガエルたちは目《め》が悪《わる》い。
ド近眼《きんがん》
よく見《み》えまへんねん
とりあえず、動《うご》くものに飛《と》びつくので、オスにオスがのっかっていることもある。
ぐっ ぐっ
4月《がつ》の雨《あめ》の晩《ばん》は、密《ひそ》かにこのような愛《あい》の合戦《かっせん》(?)が、くり広《ひろ》げられているのだ。
そして朝《あさ》になると、水《みず》たまりには卵《たまご》がいーっぱい。ヒキガエルの姿《すがた》は全《まった》くなく、何《なに》ごともなかったかのように静《しず》まり返《かえ》っている。
しかしまァ、オノミユキもヒキガエルに生《う》まれればモテモテだったのにな…

2009.5.14

手のひらサイズほどもある
大きなカエルだよ

毎年同じところに産卵するヒキガエル。木地山の産卵場所は道路わきの水たまり。雨がないと干上《ひあ》がってしまうのに産むのです。

ヒキガエルが集まりメスを奪い合う光景を「蛙《かわず》合戦」といいます。夜8時頃、車が滅多に通らないこの道路は、ヒキガエルたちでいっぱい。オスの鳴き声が響きます。多い年は100匹以上が集まったのに、今年は20〜30匹程度でした。数が年々減少傾向です。原因は、池や沼などの産卵場所が少なくなっている、ヒキガエルが好む環境を人間が失くしている…など。

オノミユキが捕まえる、というのはウソだよ。車に引かれて死んでいるカエルもいます。みなさん、安全運転をお願いしま〜す。

お地蔵さんあちこちに

作:オクミユキ

わが家《や》は借家《しゃくや》なのだが、昔《むかし》はおばあさんがひとりで住《す》んでいたという。
家《いえ》の前《まえ》には、昔《むかし》の人《ひと》が使《つか》っていた細《ほそ》い公道《こうどう》があり、そこに丸《まる》い石がある。
近所《きんじょ》の人《ひと》は、
おじぞうさん
おじぞうさん
と、いうので、
おじぞうさんなら、前《まえ》かけを着《き》せてあげよう、と着《き》せた。
すると…、
おじぞうさんって言《い》うても、前《まえ》かけを着《き》せてるのを見《み》たことないで。
と、笑《わら》われた。
じゃ、一体何者《いったいなにもの》?
と、朽木村史編さん室《くつきそんしへんしつ》の中江《なかえ》さんに資料《しりょう》をかりて読んでみると…、
この「おじぞうさん」は、「ろくろ権現《ごんげん》」とよばれていたらしいことがわかった。
でもかわいいから前かけはつけとこ。
その昔《むかし》、木地山《きじやま》の人々が、山《やま》に入るのに大きな岩《いわ》が邪魔《じゃま》になったので、
みんなでその岩《いわ》をどけたら、血《ち》まみれの赤《あか》いヘビが出《で》てきた!!
でもみんなは、放《ほう》っておいたそうな。
その後《ご》、その仕事《しごと》にかかった人が次々《つぎつぎ》と病気《びょうき》になったり死《し》んだりしたので、修験者《しゅげんじゃ》をよんできいてみると、
それは権現様《ごんげんさま》の使《つか》いを傷《きず》つけたからだ
と、いう。
それから村人はやしろを作り、まつることにしたそうな。
これで平和《へいわ》な村になったそうな。
朽木谷民俗誌
参考
おー。そんなことならもっと大事《だいじ》にしなきゃ。
…と、オクミユキはより平和《へいわ》な木地山《きじやま》のため、お守《まも》りすることにしたそうな。
……って、ホンマに大事《だいじ》にしてる??

2009.6.11

毎日新聞編

朽木には、至るところにお地蔵さんが祀《まつ》ってあります。木の陰や山道の途中や石ころのようなものだったり。集落内のお地蔵さんは、子ども地蔵かなと思いますが、峠や山道、道路脇のお地蔵さんは、旅の安全を見守る地蔵のようです。昔は、山道を歩いて隣の集落と行き来していました。お地蔵さんが祀ってある＝昔の道だった、ということです。

私の勤務先にも「ヨコガケ地蔵」さんがありますが、昨年末の大雪で社《やしろ》が潰れてしまいました。職員で直そうとしたら、地元の人が「勝手に触ったらバチがあたる。やめとけ」と。私は「ろくろ権現」を思い出しました。このような言い伝えは、日本人の神や仏を信じる心に必要ではないかな、と思います。

権現さま、見守ってくれていてありがとう

梅雨の予報士、モリアオガエルちゃん

作:オノミユキ

オノミユキの勤める「くつき」の森《もり》に、毎年《まいとし》、数十個《すうじっこ》ものモリアオガエルの卵《たまご》がみられる。

しかし、今年《ことし》はいつまでも数個《すうこ》のまま。

少ないなあ…どっかいっちゃたの?

モリアオちゃんよ。くつきの森《もり》にかえってきて!

願《ねが》いが通《つう》じたのか…という
6月《がつ》に入《はい》って少しずつふえ始《はじ》め、今《いま》はいつもくらいの数《かず》になった!

きたきた!

ところで、毎年《まいとし》、3m《メートル》くらいの高《たか》い木に卵《たまご》をうむ者《もの》もいるのですが、
産卵後《さんらんご》、カエルはどうやって地上《ちじょう》におりるの?

思《おも》いきってジャーンプ?

頭《あたま》を下にしておりる?

足《あし》を下にしてつたっておりる?

カエル大博士《だいはかせ》にきいてみたら…

さかさになっておりるよ。ジャンプは上手じゃないから。

へぇ〜

さて、うちの近所《きんじょ》のバス停《てい》の水たまりにうまれたオタマジャクシ。

オタマジャクシや!

つかまえろ!

ある日、水が干上《ひあ》がってしまい、もがいているではないか!

ヒョエ〜〜

バケツにすくって、くつきの森の池《いけ》に移動《いどう》。

元気《げんき》に育てよ〜

助《たす》けたオタマジャクシがカエルになって、カエル城《じょう》に招待《しょうたい》されないかな〜

あのときのおれいです

2009.6.25

カラララ…と響く声のモリアオガエルは、産卵期になると森から出てきて産卵します。ソフトボール大の泡状の卵塊《らんかい》には、小さな卵が300〜600個程あります。池や沼、田んぼの畦《あぜ》や水たまりの縁などのあちこちに見かけます。泡は卵を乾燥などから守ります。産卵から1〜2週間で孵化《ふか》したおたまじゃくしが下へ落ちます。せっかく産まれたのに水が干上がっていたりすることも。でも不思議なことに毎年同じ場所に産卵します。

ところで、モリアオガエルが水面よりも高位置に産卵すると雨の多い梅雨。水面ぎりぎりのだと空梅雨になる、とか。今年は比較的高位置が多い気がするのですが、今のところほとんど雨なし。カエルの梅雨予報は外れ?

こ〜んなに高いところに産むなんて!

雨が降ってほしいときはこの滝へ

作：オノミユキ

7月《がつ》のある日《ひ》、大阪《おおさか》、京都《きょうと》方面《ほうめん》から約《やく》10名《めい》のお客《きゃく》さんが見《み》えた。

いらっしゃ〜い
この方《かた》たちの向《む》かう先《さき》は「ココンバの滝《たき》」。

遠《とお》かったねぇ〜

案内人《あんないにん》は、飯高転石《いいだかてんせき》さん。

みなさん、こんにちは。

杤木《くつき》に移住《いじゅう》して30年《ねん》。森林《しんりん》や山村《さんそん》の文化《ぶんか》など、このあたりのことはなんでもしってる。

この日《ひ》は、飯高《いいだか》さんの家《いえ》から歩《ある》いてココンバの滝《たき》へ。

では行きましょう。

てく てく てく
何《なん》でも知《し》ってる飯高《いいだか》さんですから…

ツルアジサイとイワガラミのちがいは？

…………

あっ、ハイ。ではこっちへ…

はい。ここにちょうど2種類《しゅるい》の花《はな》が並《なら》んで咲いています。カクカクシカジカの違《ちが》いがあります。

比較《ひかく》できるよう、私《わたし》がうえました。

え〜？ホント？

うえたなんて冗談《じょうだん》だよ。

あ。やられた。

こちらはマタタビ。この実《み》をネコに匂《にお》わせるとトロ〜ンとしてしまいます。

人間《にんげん》が匂《にお》うとどうですか？

そりゃあもう、私《わたし》なんてトロ〜ンとなってしまいますよ。

え〜え〜っ。本当《ほんとう》に？へえ〜。

すっかり信《しん》じている参加者の方
…と、こんなジョークもはいった説明《せつめい》もあるけど、とてもためになる話《はなし》もききながら、滝《たき》に到着《とうちゃく》。

ここです
みんなで目《め》をつぶり、口《くち》を閉《と》じ、しばらく滝《たき》の音《おと》に耳《みみ》だけを傾《かたむ》ける……

ドドドドドドー
すると…、体《からだ》の中《なか》を滝《たき》が突《つ》き抜《ぬ》けるような不思議《ふしぎ》な感覚《かんかく》が…

ゴー
…するかどうかは？・？・？・ぜひココンバの滝《たき》でためしてみてね!!

2009.7.23

ココンバの滝は、娘と母とお婆さんが雨乞いをした滝、という由来があります。

滝までの道中、飯高さんから山の神を慕う心の話やスギ、ヒノキの利用の話などの話を聞き、人間が山といかに密着した暮らしをしていたか。反対に現在は山との結びつきを忘れているのでは、と感じました。オオルリやカワセミなどの美しい野鳥にも出合えました。

さて、ココンバの滝は最近まで女人禁制で、地元の女性でさえ来たことがないそうです。私は12年前、知らずに初めてココンバの滝に行ってしまいました。でもココンバの神様を怒らせなかったようです。優しい神様だから？　私が「女」と思われなかったから？

水しぶきを上げて落ちてくる滝

朽木山行会、永遠に活動中？

作：オノミユキ

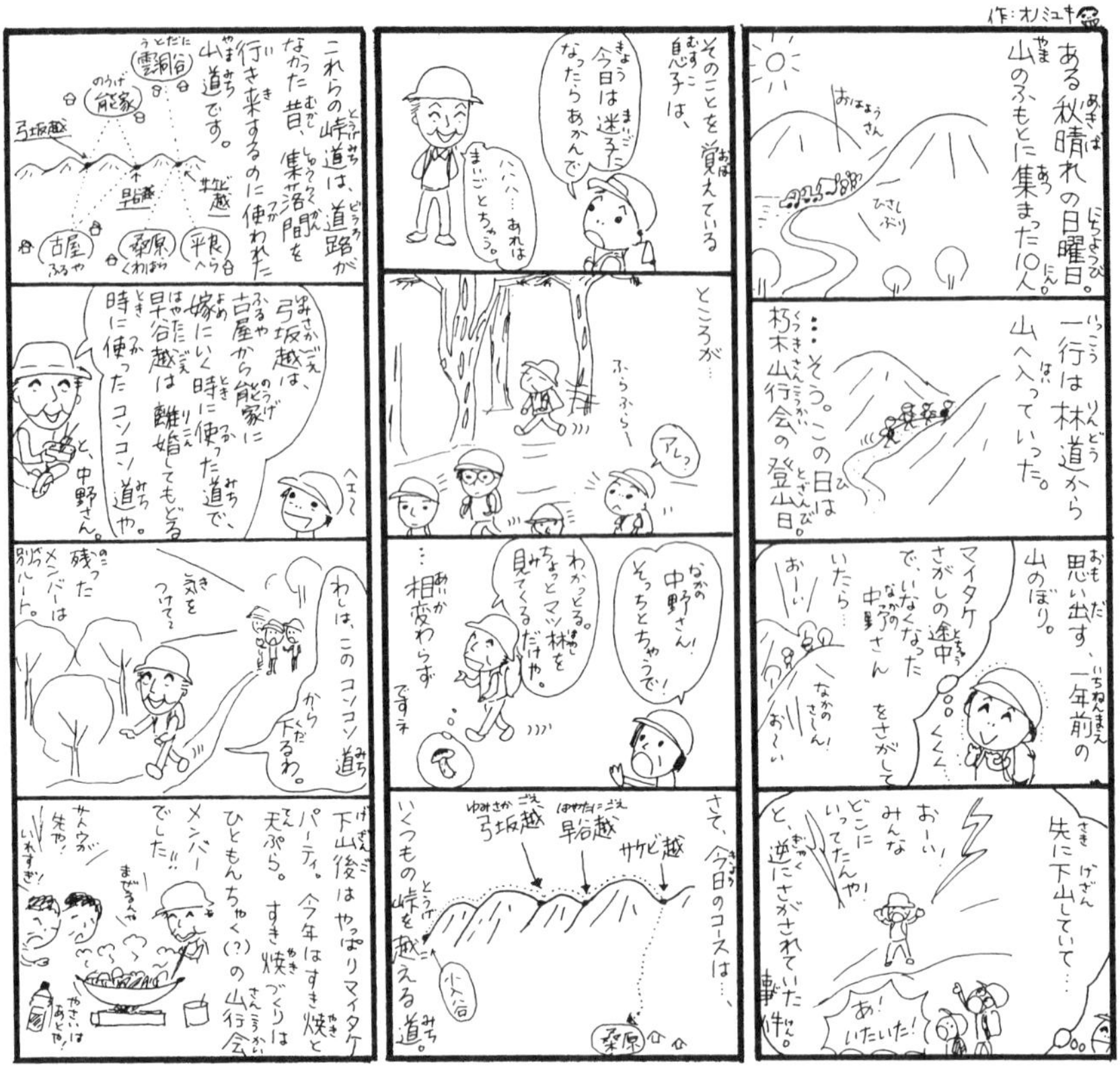

2009.10.15

朽木山行会が昔の峠道が登山道として復活したおかげで今、朽木の登山を楽しめています。

さて今回は、事前にメンバーが採取したマイタケの天ぷら・すき焼パーティー。「猟師は肉と大根だけですき焼を作る」とか「マイタケは最後に入れろ」という方々からの口出しが朽木山行会の特徴（?）+おもしろさ。

私は12年前に入会しました。当時は元気だったメンバーも、弱ったり亡くなったりしてしまいましたが、変わらないのはみんな山が大好きなことと一緒に登山して楽しい、ということ。入会時と同じく私が一番若いのが自慢（?）。和気あいあいの雰囲気が大好きです。

山行中の一服。
このひとときも楽しい

カメムシっていろいろいるよ！

作：オノミユキ

みなさん、ヘクサムシって知《し》っていますか？。
本名《ほんみょう》は、クサギカメムシ。
…そう。くさくて有名《ゆうめい》なカメムシです。
今年《ことし》はコイツが大発生《たいはっせい》!!
天気《てんき》のいい日《ひ》はブンブン飛《と》び回《まわ》り、かべにもべーったり。
でも、コイツの多《おお》い年《とし》は雪《ゆき》も多《おお》い、と言《い》うから…
どか〜ん
むふ♥たのしみ
ところで、オノミユキの友人《ゆうじん》、Ｙ《ワイ》さんによると、
中国《ちゅうごく》ではヘクサを食《た》べるんやって。
水《みず》にしばらくつけておいてくさいのを出《だ》して炒《いた》めるらしい。
へぇ〜
よし！今晩《こんばん》のおかずは決定《けってい》!!
ヘクサのしょうゆ炒め…
ヘクサの天ぷら…
ヘクサのスープ…
でも…、
コイツめ！
ヤア！
エイ！
コイツめ！
ヘクサをためる灯油入りビン
スキヤキに入ってしまったヘクサを食《た》べた経験《けいけん》のあるダーリンは、ヘクサへの恨《うら》みが……
ま、いいや。まずはひとりで食《た》べてみよ。
水《みず》にプカプカ浮《う》いて、なかなか死《し》なない
しばらく水につけておいて…、
鍋《なべ》で炒《いた》めて、
しょうゆとサトウで味《あじ》つけて…
プチュー
プチュー
できた！ヘクサの甘《あま》じょうゆ煮《に》??
いざ！
バクッ
どひゃ〜っ
ま・ず・い!!
とびだしたヘクサ
おりゃー！
とりゃ！
とりゃ！
おりゃー！
ヘクサにあらゆる恨《うら》みをもっているダーリンにヘクサを料理《りょうり》した、なんて…、……とても言《い》えない。
その日《ひ》の夢《ゆめ》は…
ヘクサの団子《だんご》の天《てん》ぷらいただきま〜す
ああ…
おお…
ホンマにウマイのか？教《おし》えて！中国《ちゅうごく》の方《かた》!!

2009.11.12

右：闘争心の強いオオトビサシガメ
左：クサザことクサギカメムシ

朽木に多いカメムシはクサギカメムシとオオトビサシガメです。クサギが「メンタ（メス）」、オオトビが「オンタ（オス）」と言うけれどこれは間違い。クサギは果実や樹液などを吸い、オオトビは虫の体液を吸います。

今年はカメムシ大発生。洗濯物にも付くので迷惑です。集団でひなたぼっこ姿も見かけます。寒くなると、新聞紙やダンボールの間などで越冬開始。春になると杉林に帰ります。

夏は涼しい林で、冬は暖かいお家で過ごす。カメムシって人間をうまく利用しているな、と感心（?）します。

島と村の交流山歩き

作：オノミユキ

びわ湖に注《そそ》ぐ川《かわ》の源《みなもと》にある小学校《しょうがっこう》の元《もと》に
朽木西小《くつきにししょう》
全児童《ぜんじどう》5人
びわ湖に浮《う》かぶ沖島《おきしま》の小学生《しょうがくせい》9人が訪《たず》ねてきた！

小《ちい》さな小学校同士《しょうがっこうどうし》の交流《こうりゅう》であーる。

ニコニコ
オノミユキはみんなを、朽木《くつき》の山《やま》に案内《あんない》することに。

きょうの今日登《のぼ》る道《みち》はだれが使《つか》っていたでしょう？

郵便屋《ゆうびんや》さん！

そう。この日《ひ》歩《ある》いた「弓坂越《ゆみさかごえ》」は、つい最近《さいきん》まで、郵便屋《ゆうびんや》さんが、山のむこうの集落《しゅうらく》まで配達《はいたつ》に使《つか》っていた道《みち》なのだ。

道《みち》ぞいを流《なが》れる谷《たに》を見《み》て、
川や！川が流れてる！

と、沖島《おきしま》の子《こ》たち。

水をさわってみると…

つめた〜い
つめたいな〜

と、喜《よろこ》ぶみんな。

ケンケン山
そうそう。沖島《おきしま》には山はあっても、川はないもんね。

川がめずらしいんだな
でも…

とびこみ台《だい》から湖《みずうみ》にとびこむんやで。

とか。

えー
おじいちゃん、おばあちゃんが漁師《りょうし》やから一緒《いっしょ》に船《ふね》にのって手伝《てだ》うんや。

とか…。

へぇ〜

さすが、沖島《おきしま》の子《こ》だ！

一方《いっぽう》、朽木西小《くつきにししょう》の子《こ》は…

サルのように木《き》にしがみついたり、ゆすったり…。

さすが、山《やま》の子だ！

全《まった》くちがう環境《かんきょう》に住《す》む二校《にこう》の子どもたち。

つながっているのは山から湖《みずうみ》に注《そそ》ぐ川《かわ》。

共通《きょうつう》していることは……

大きなバスにあまりのったことがないこと。

キレ〜イ
おおき〜い
沖島《おきしま》小のみんながのってきたバスにのせてもらって大喜《おおよろこ》びの朽木西の子でした！

2009.11.26

近江八幡市にある沖島は、淡水湖の島に人が住む、世界でも珍しい島です。沖島の子たちを、弓坂峠へ案内。古屋《こや》から能家《のうげ》地区へ抜ける峠道なのですが、郵便屋さんだけでなく、地域間の行き来に使われていた道です。能家の中学生は昔、この峠を越えて古屋の中学校に通っていたとか。峠には小さな札があり、道中亡くなった方もいるのでしょうか、供養の石碑もありました。

朽木の山々が連なる峠からは、子どもたちと「やっほーっ！」。沖島小の子から島の暮らし、湖の話も聞き、「いいなあ〜。沖島に住みたい！」と思いましたが、山の暮らしも捨てがたいし…。欲張り癖は直りません。

新しい札がかかっている峠

まくのが大好きな日本人

作：オノミユキ

オノミユキ、
何《なに》をかくそう
今年《ことし》は厄年《やくどし》！
厄払《やくばら》いをせねば
ならぬのであーる。
そこで向《む》かったのが
針畑《はりはた》の大宮神社《おおみやじんじゃ》。
この地域《ちいき》では、毎年《まいとし》
1月《がつ》19日《にち》に「銭《ぜに》まき」と
いう行事《ぎょうじ》がある。
ゼニを
マク？
昔《むかし》からある地域《ちいき》の
伝統行事《でんとうぎょうじ》である。
厄年《やくどし》の人《ひと》が小銭《こぜに》を
まいて、ムラの人《ひと》が拾《ひろ》い、
厄《やく》を払《はら》う、という
かわった行事《ぎょうじ》。
今《いま》は針畑《はりはた》に住《す》んでいない人
もまきに来《き》たり、息子《むすこ》や
孫《まご》の分《ぶん》をまく人もいる。
遠《とお》くに住《す》んでいる
かわいい孫《まご》のために…
後厄《あとやく》の人《ひと》は、自分《じぶん》の
年《とし》の数《かず》の小銭《こぜに》を、まず
うしろをむいて　まく。
それから前向《まえむ》いて残《のこ》りをまく。
そりゃもう景気《けいき》のいい
行事《ぎょうじ》である。
アメや
みかんも
まく人もいる
オノミユキもわずかだが
小銭《こぜに》をまかせてもらった。
これが結構《けっこう》、気持《きも》ちいい。
ヘイ
ヘイ
ヘ～イ
踏《ふ》み固《かた》めた雪《ゆき》の上《うえ》に
落《お》ちる小銭《こぜに》たち。
子どももおじさんも
おばさんも、この時《とき》は
ゆずり合いなしの争《あらそ》い。
オノミユキも拾《ひろ》おうと
するど…
あ
それ！
ホッ！
ホッ！！
ピシッ
と、横《よこ》からおばさんの手《て》が。
さすが、速《はや》いですね～
若《わか》い時《とき》はもっと
速《はや》かったで。
ホレ、
ミユキさん！
ボーッとしとらんと
拾《ひろ》わんかいな。
さァこれで
厄払《やくばら》い完了《かんりょう》だ♥
まいた分《ぶん》より
多《おお》く拾《ひろ》ったような…

2010.2.4

市営バスの運転手、山本さんは本厄なので「たくさんまくから拾いにおいで！」と誘ってくれました。

昔は身動きできないほどの人が集まったそうですが、今はまばら。少し寂しい銭まきですが、集まるとまずは雪を踏み固めます。今年はたったの80㎝しか積もらず（普段は2ｍ以上の積雪！）。ほどよく雪がないと落ちた小銭を拾いにくいそうです。

誰かがまき始めると、慌てて拾い始めます。気になるのは、まいた金額。山本さんは「年収位まいたで～」と！　みなさんの厄年には、年収分をまきに来てね。拾うだけではダメよ！　あれ？高給取りのマンガ家オノミユキは年収分まいたっけ？

山本で～す！
さあ、まくでぇ～！

先生も子どもも元気一杯、沖島小

作：オノミユキ

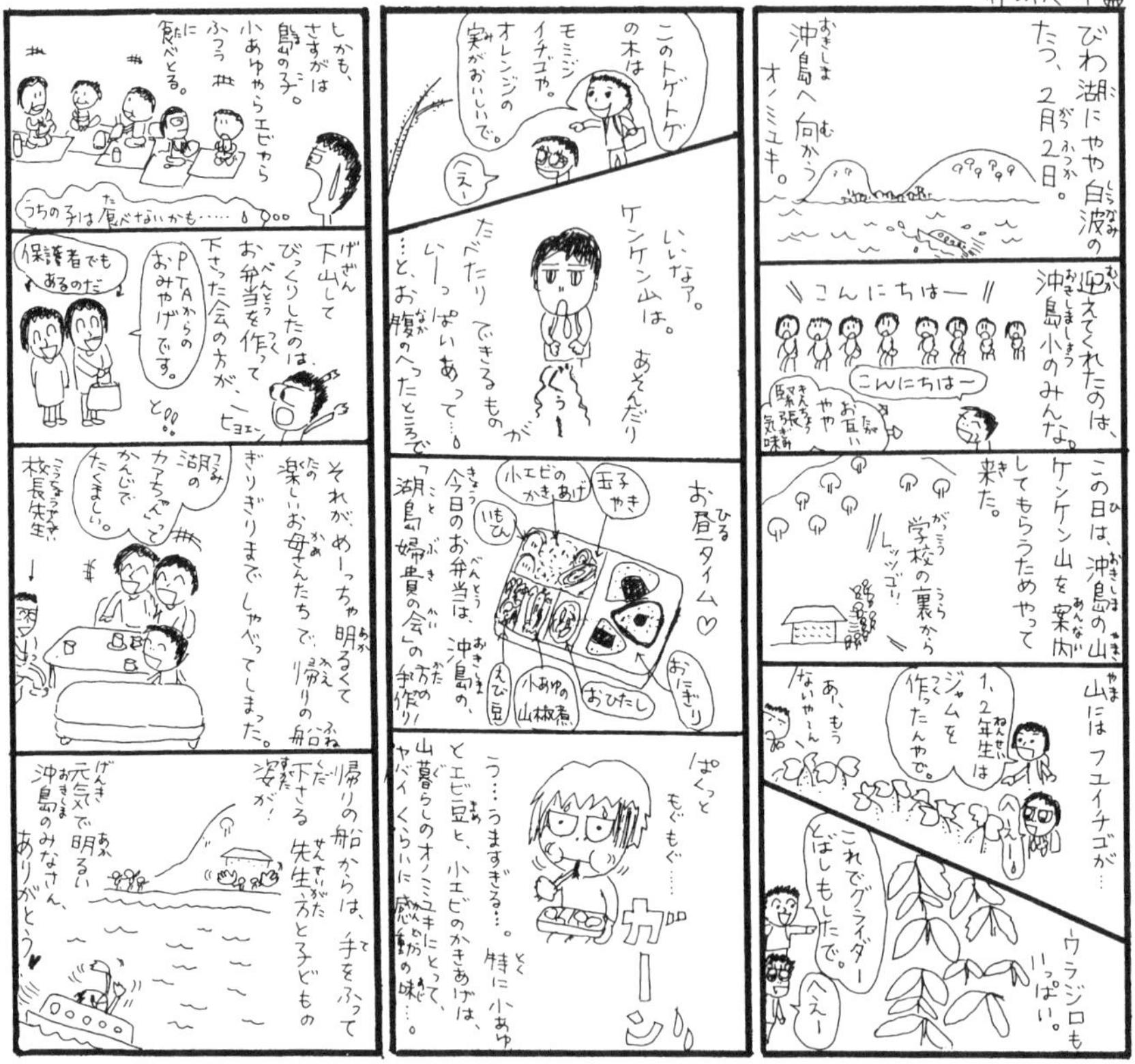

びわ湖にやや白波《しらなみ》のたつ、2月2日《ふつか》。
沖島《おきしま》へ向《む》かうオノミユキ。
迎《むか》えてくれたのは、沖島《おきしま》小のみんな。
こんにちはー
こんにちはー
やや緊張《きんちょう》気味
お互《たが》い
この日《ひ》は、沖島《おきしま》の山《やま》ケンケン山を案内《あんない》してもらうためやって来《き》た。
学校《がっこう》の裏《うら》から
レッツゴー！
山《やま》にはフユイチゴが…
1、2年生《ねんせい》はジャムを作《つく》ったんやで。
あ、もうないやーん
へぇー！
ウラジロもいっぱい。
これでグライダーとばしもしたで。
へえー
このトゲトゲの木はモミジイチゴや。オレンジの実がおいしいで。
へぇー
いいなァ。ケンケン山は。
あそんだりたべたりできるものがいーっぱいあって…
…と、お腹《なか》のへったところで
ぐぅ～
お昼《ひる》タイム♡
今日《きょう》のお弁当《べんとう》は、沖島《おきしま》の「湖島《ことう》婦貴《ぶき》の会」の方《かた》の手作り！
小エビのかきあげ
玉子やき
えび豆
小あゆの山椒煮
おひたし
おにぎり
ぱくっと
もぐもぐ……
う…うますぎる…。
特《とく》に小あゆとエビ豆と、小エビのかきあげは、山暮らしのオノミユキにとって、ヤバイくらいに感動の味…。
ガーン
しかも、さすがは島の子。小あゆやらエビからふつうに食《た》べとる。
うちの子は食《た》べないかも……
下山《げざん》して
びっくりしたのは、お弁当《べんとう》を作《つく》って下さった会の方が、
PTAからのおみやげです。
保護者でもあるのだ
と!!
ヒョエー
それが、めーっちゃ明《あか》るくて楽《たの》しいお母《かあ》さんたちで、帰《かえ》りの船《ふね》ぎりぎりまでしゃべってしまった。
湖《こ》の母《かあ》ちゃんってかんじでたくましい。
校長先生
帰りの船からは、手《て》をふって下《くだ》さる先生方《せんせいがた》と子どもの姿《すがた》が！
ああ、元気《げんき》で明るい沖島《おきしま》のみなさん、ありがとう♥

2010.2.18

ケンケン山山頂で記念撮影！

沖島小の生徒9人は、やや恥ずかしがりやですが、素朴で仲良く、全体が和気あいあいとしていて先生も元気一杯です。

ケンケン山には石垣が多くあります。戦時中、食糧確保のためのイモ畑だったとか。田んぼには一本の谷から竹の樋《とい》で水を引いて米を作っていたそうです。また、水道がなかった頃は琵琶湖の水を飲料用、生活用に利用していたとか。島の自然の恵みと土地を有効に使い、全ての生活が行き届いていたようです。

地元の方の話から生活の工夫や必死さが伝わるのは、朽木も沖島も一緒。こんな機会を与えてくれた沖島小の先生方に感謝です！

あちらこちらで春、見つけ!

作:オノミユキ

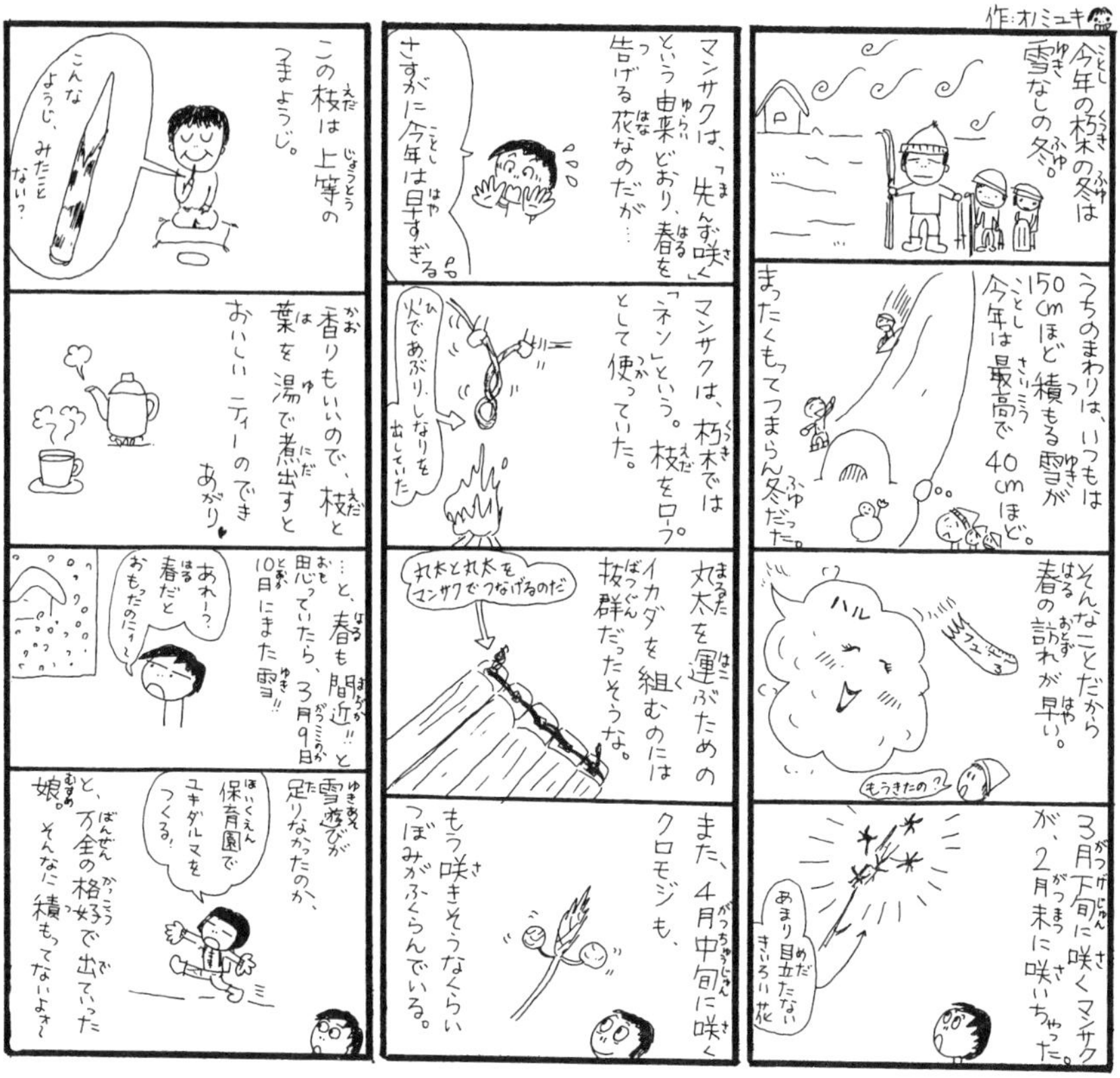
今年《ことし》の朽木《くつき》の冬《ふゆ》は雪《ゆき》なしの冬《ふゆ》。
うちのまわりは、いつもは150cmほど積《つ》もる雪《ゆき》が今年《ことし》は最高《さいこう》で40cmほど。
まったくもってつまらん冬《ふゆ》だった。
そんなことだから春《はる》の訪《おとず》れが早《はや》い。
ハル
フユ
もうきたの?
3月《がつ》下旬《げじゅん》に咲《さ》くマンサクが、2月末《がつまつ》に咲《さ》いちゃった。
あまり目立《めだ》たないきいろい花
マンサクは、「先《ま》んず咲《さ》く」という由来《ゆらい》どおり、春《はる》を告《つ》げる花《はな》なのだが…
さすがに今年《ことし》は早《はや》すぎる
マンサクは、朽木《くつき》では「ネソ」という。枝《えだ》をロープとして使《つか》っていた。
火《ひ》であぶり、しなりを出していた
丸太《まるた》を運《はこ》ぶための イカダを組《く》むのには抜群《ばつぐん》だったそうな。
丸太と丸太をマンサクでつなげるのだ
また、4月中旬《がつちゅうじゅん》に咲《さ》くクロモジも、
もう咲《さ》きそうなくらいつぼみがふくらんでいる。
この枝《えだ》は上等《じょうとう》のつまようじ。
こんなようじ、みたことない?
香《かお》りもいいので、枝《えだ》と葉《は》を湯《ゆ》で煮出《にだ》すとおいしいティーのできあがり♥
…と、春《はる》も間近《まぢか》!!と思《おも》っていたら、3月9日《がつここのか》10日《とおか》にまた雪《ゆき》!!
あれー?春《はる》だとおもったのにィ~
雪遊《ゆきあそ》びが足《た》りなかったのか、
保育園《ほいくえん》でユキダルマをつくる!
と、万全《ばんぜん》の格好《かっこう》で出《で》ていった娘《むすめ》。
そんなに積もってないよォ~

2010.3.18

早春の花、マンサクは先《ま》んず、咲く、から来てるとか

高島市マキノ町は大雪となった今年の冬。日本各地でも豪雪となった地域が多く、記録的な多雪年になりました。一方、朽木では記録的な無積雪。朽木スキー場はとうとう営業日数0日という記録！冬季オリンピック地バンクーバーも積雪不足だったそうな。降る所と降らない所の差が激しい、変な冬でしたね。

そんな冬でしたが、春の到来は待ち遠しいもの。森を歩くと春の花が咲き始めています。キンキマメザクラという早咲きのサクラも開花。タムシバという白い花もつぼみがふくらみ、ミソサザイという小鳥がさえずりはじめ、「ホーホケキョ」という声ももうすぐ聞けそうな気配。みなさんも春見つけをしてみてください。

祭り好き、集まれ〜!!

作:オノミユキ

4月《がつ》10日《とおか》(土)、朽木《くつき》で「桜《さくら》まつり」がありました。
4月《がつ》に入《はい》って寒《さむ》い日《ひ》が続《つづ》いたので、サクラの開花《かいか》が心配《しんぱい》されましたが、
キレ〜イ
この日《ひ》に合《あ》わせたように満開《まんかい》
しかも当日《とうじつ》はポカポカ陽気《ようき》!!
スバラシイ天気《てんき》
会場《かいじょう》には地元《じもと》の方《かた》のたべものやさんがズラリ
オノミユキはまず、「巾着汁《きんちゃくじる》」を食《た》べた。
ん?でかい巾着《きんちゃく》がイコだけ…?
と、思《おも》いきや
あげの中身《なかみ》はうどん!!
手作《てづく》り感《かん》たっぷりのアイデア料理《りょうり》。
しかも、かまぼこ入りだと「当《あ》たり」というわくわくもの。
野外《やがい》ステージでは、高島三線会《たかしまさんしんかい》による沖縄音楽《おきなわおんがく》や、
大正琴《たいしょうごと》のみなさんの「和《わ》」の音楽《おんがく》…
そして迫力《はくりょく》ある朽木太鼓《くつきだいこ》の演奏《えんそう》が楽《たの》しめた。
そんなおまつり中《ちゅう》、地元《じもと》の中学生《ちゅうがくせい》が売《う》るクレープを買《か》おうとしたら、
おかあさん、コレ、ひろった。
むすめ
朽中クレープ
ゲ?! お金《かね》!!
それもなんと500円玉《えんだま》2枚《まい》と100円玉《えんだま》2枚《まい》!
その瞬間《しゅんかん》、母《はは》の頭《あたま》には…
イヒヒ…これでクレープがたくさん買《か》える…
イヤイヤ、中学生《ちゅうがくせい》が見《み》てる。
けいさつにとどけよう
ドキドキ
が、結局《けっきょく》…
ここに入れよう
ハイ…そうですね…
と、いうことで、夏《なつ》の「ふる里《さと》まつり」に募金《ぼきん》いたしました。
花火
あなたなら…どうする??

2010.4.15

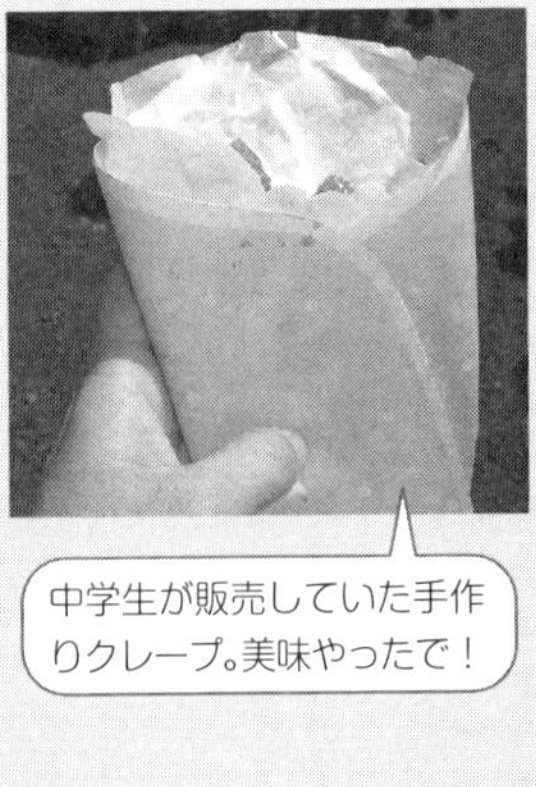

中学生が販売していた手作りクレープ。美味やったで!

「桜まつり」は、「朽木・群《むら》・人ネットワーク」という町おこしグループの主催で行われました。地元の観光協会や商工会、朝市組合なども出店し、一日を盛り上げました。餅つき会場では、つきたての黒米餅がお客さんに振る舞われ、大好評。野外ステージでは高島市内のサークルの演奏の他、杉の丸太をチェーンソーで彫刻を彫る、チェーンソーアートも披露されました。まさに、地元が地元を盛り上げた一日でした。

「朽木・群《むら》・人ネットワーク」は、桜まつりだけでなく夏の「ふる里まつり」、秋の「鯖《さば》・美《び》・庵《あん》まつり」も主催。人と人とのつながりで賑やかに開催されるお祭りです。みなさんお楽しみに!

椋川のサクラ、いつまでも……

作：オノミユキ

森脇《もりわき》敬三《けいぞう》さん。
大正《たいしょう》14年《ねん》うまれの86才!!
体《からだ》を少《すこ》し悪《わる》くされている
ようですが、とてもお元気《げんき》。
この日《ひ》は敬三《けいぞう》さんの
大事《だいじ》にされているヤマザクラ
を見《み》に行《い》った。
場所《ばしょ》は朽木《くつき》から山を挟《はさ》んで
隣《となり》の、今津町《いまづちょう》椋川《むくがわ》。
あったあった!・
お宅《たく》の前《まえ》に!!
デカイ!!
コケが生《は》え、幹《みき》もコブ
があり、歴史《れきし》を
感《かん》じさせる老木《ろうぼく》
である。
おくさま
私《わたし》の父《ちち》が「子どもの
頃《ころ》から大《おお》きさは変《か》わらない」
と言《い》うてたなア…
じゃ、ずいぶん
樹齢《じゅれい》はいってますね。
奥《おく》サマは…
私《わたし》がここへ
嫁《とつ》いだころから
400才《さい》やって聞《き》いて
ますから…
…と、いうことは?
450才《さい》くらいには
なってるってこと??!
織田信長《おだのぶなが》と
同《おな》じ時代《じだい》を
生きてたの??
スゲ〜〜
老木《ろうぼく》と言《い》っても、
春《はる》には見事《みごと》な花《はな》を
咲《さ》かせてくれるそうな。
キレ〜イ!
みたい!!
帰《かえ》り際《ぎわ》に、おみやげを
手渡《てわた》された。
ボケ酒《しゅ》です。
毎年《まいとし》つくるんよ。
へ?ボケシュ?
「ボケ」という木《き》の実《み》
で漬《つ》けた果実酒《かじつしゅ》。
こんな実《み》?
毎日《まいにち》少《すこ》しずつ
飲《の》むと、
胃腸《いちょう》にいいよ。
ということ。
へェ〜
オノミユキの
もの忘《わす》れボケにも
効《き》くといいなア〜〜。
あれ?
何《なに》しようとしてたっけ?

2010.5.27

森脇敬三さん。残念ながら、お亡くなりになりました。御冥福をお祈り申し上げます

森脇さんから「うちのヤマザクラを見に来てください」と電話があり、訪ねました。かなりの老木でしたが、長年生きてきた衰えも見せず、立派に枝葉を広げていました。

80年以上もサクラと共に生きている森脇敬三さんからは、いろいろなお話を聞きました。アスファルトで土手を造った時、サクラの根が傷み枯れそうなほど弱り、もうだめだと思ったこと。誕生日プレゼントに、隣の方から満開のサクラの下で写真を撮ってもらったこと…。450年以上も生きているこのサクラは、椋川の時の流れと変化を黙って見つめ、見守ってきたのでしょう。人間も木も「年を重ねる」というのは、偉大なことだなあ、と感じました。

ネズミ！入り込むな！

作：オカミユキ

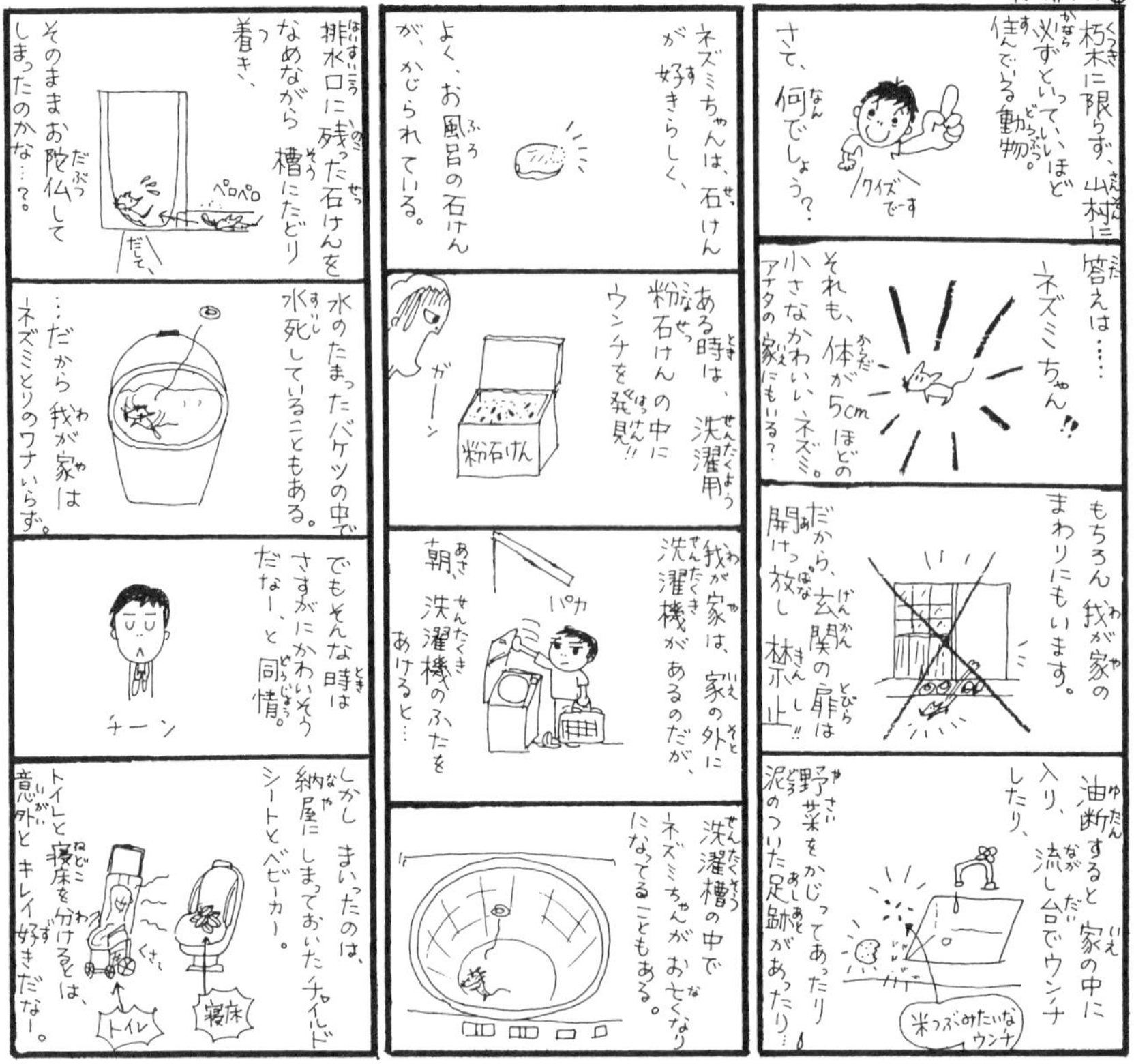
朽木《くつき》に限らず、山村《さんそん》に必《かなら》ずといっていいほど住《す》んでいる動物《どうぶつ》。
さて、何《なん》でしょう？
クイズでーす
答《こた》えは……
ネズミちゃん!!
それも、体《からだ》が5cmほどの小さなかわいいネズミ。
アナタの家《いえ》にもいる？
もちろん我《わ》が家《や》のまわりにもいます。
だから、玄関《げんかん》の扉《とびら》は開《あ》けっ放《ぱな》し禁止《きんし》!!
油断《ゆだん》すると家《いえ》の中に入り、流《なが》し台《だい》でウンチしたり、
野菜《やさい》をかじってあったり
泥《どろ》のついた足跡《あしあと》があったり…
米つぶみたいなウンチ
ネズミちゃんは、石《せっ》けんが好《す》きらしく、
よく、お風呂《ふろ》の石けんが、かじられている。
ある時《とき》は、洗濯用《せんたくよう》粉石《こなせっ》けんの中にウンチを発見《はっけん》!!
ガーン
粉石けん
我《わ》が家《や》は、家《いえ》の外《そと》に洗濯機《せんたくき》があるのだが、
朝《あさ》、洗濯機《せんたくき》のふたをあけると…
パカ
洗濯槽《せんたくそう》の中でネズミちゃんがお亡《な》くなりになってることもある。
排水口《はいすいこう》に残《のこ》った石《せっ》けんをなめながら槽《そう》にたどり着《つ》き、
ペロペロ
だして、
そのままお陀仏《だぶつ》してしまったのかな…？
水のたまったバケツの中で水死《すいし》していることもある。
…だから我《わ》が家《や》はネズミとりのワナいらず。
でもそんな時《とき》はさすがにかわいそうだなー、と同情《どうじょう》。
チーン
しかしまいったのは、納屋《なや》にしまっておいたチャイルドシートとベビーカー。
トイレと寝床《ねどこ》を分《わ》けるとは、意外《いがい》とキレイ好《ず》きだなー。
くさ
トイレ
寝床

2010.7.8

ヒメネズミはしっぽが長く毛が黒く、かわいいネズミです。息子が赤ちゃんだった頃、近所のおばあさんに「赤ん坊はおっぱいのにおいがするから、ネズミにかじられんように気を付けや」と注意されました。息子も娘もネズミにかじられませんでしたが、ジャガ芋やサツマ芋、石けんやペットボトルのふたなど、いろいろなものがかじられます。一番びっくりしたのが、古いチャイルドシートの見事な寝床（写真）！　ここで出産や育児も行われたのかな～。ベビーカーはおしっこ臭がプンプン！　ウンチは屋外で済ませていたようで、排便のしつけ（？）もきっちりで感心です。

以前、家の中でテンという小動物がおしっことウンチをしたこともあったなあ。もう嫌だな～。

ここは寝床なので臭くない。おしっこはベビーカーだったようで、臭い臭い！

ナイトサファリは安全運転で

作：オノミユキ

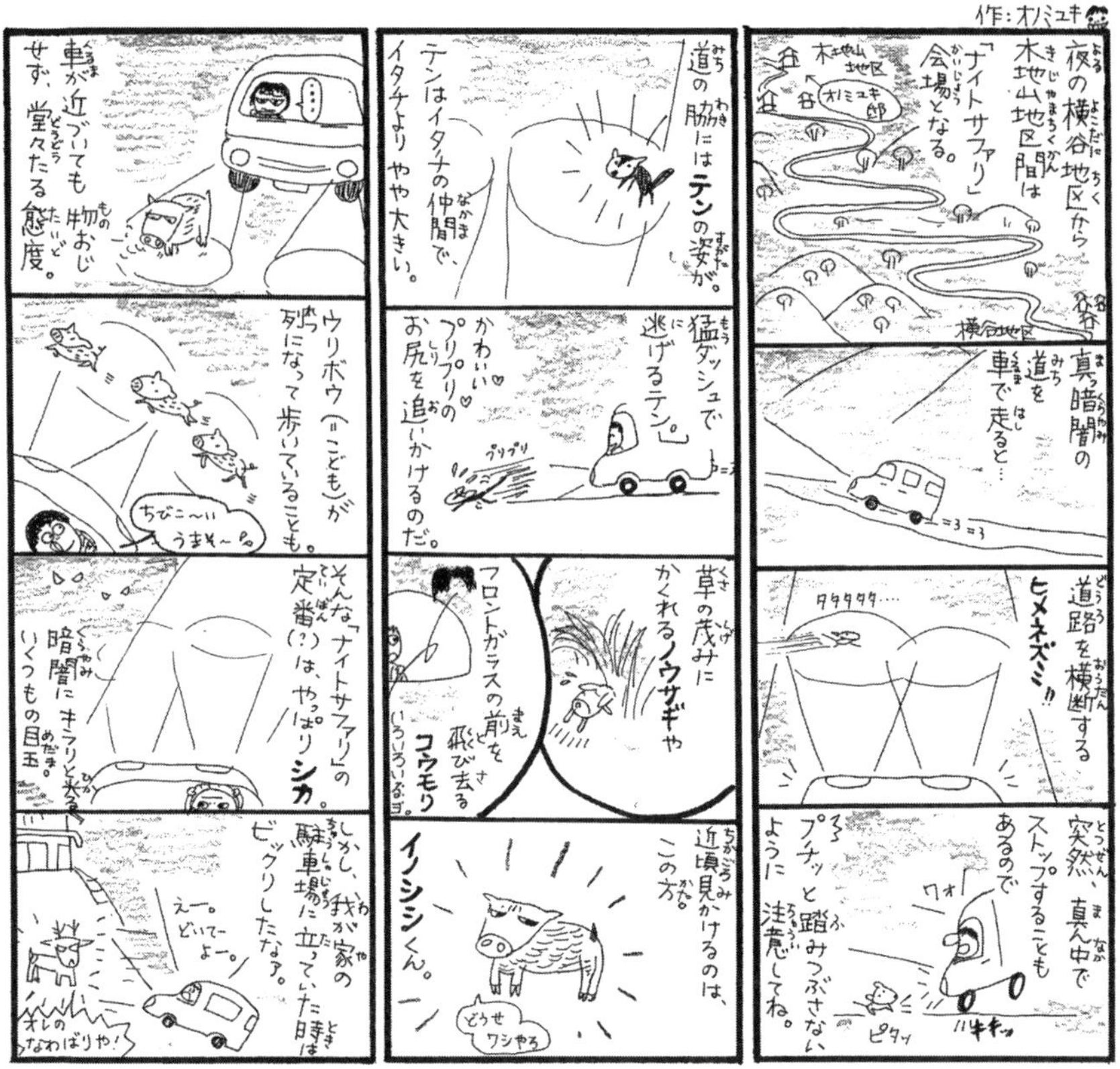

夜《よる》の横谷《よこだに》地区《ちく》から
木地山《きじやま》地区間《ちくかん》は
「ナイトサファリ」
会場《かいじょう》となる。
木地山地区
オノミユキ邸
横谷地区
真っ暗闇《まっくらやみ》の
道《みち》を
車《くるま》で走《はし》ると…
道路《どうろ》を横断《おうだん》する
ヒメネズミ!!
タタタタタ…
突然《とつぜん》、真《ま》ん中《なか》で
ストップすることも
あるので
プチッと踏《ふ》みつぶさない
ように
注意《ちゅうい》してね。
ワォ
キキッ
ピタッ
道《みち》の脇《わき》にはテンの姿《すがた》が。
テンはイタチの仲間《なかま》で、
イタチよりやや大きい。
猛《もう》ダッシュで
逃《に》げるテン。
かわいい
プリプリの
お尻《しり》を追《お》いかけるのだ。
プリプリ
草《くさ》の茂《しげ》みに
かくれるノウサギや
フロントガラスの前《まえ》を
飛《と》び去《さ》る
コウモリ
いろいろいるヨ。
近頃《ちかごろ》見《み》かけるのは、
この方《かた》。
イノシシくん。
どうせ
ワシやろ
車《くるま》が近づいても物《もの》おじ
せず、堂々《どうどう》たる態度《たいど》。
…
ウリボウ(＝こども)が
列《れつ》になって歩いていることも。
ちびこ～い
うまそ～
そんな「ナイトサファリ」の
定番《ていばん》(?)は、やっぱりシカ。
暗闇《くらやみ》に キラリと光《ひか》る
いくつもの目玉《めだま》。
しかし、我《わ》が家《や》の
駐車場《ちゅうしゃじょう》に立《た》っていた時《とき》は
ビックリしたなァ。
えー。
どいてー
よー。
オレの
なわばりや！

2010.9.9

シカのたまり場になっているスポットです

木地山地区から隣の地区まで夜はほとんど車も通らず、街灯もないので動物が行き来しています。シカは10頭以上見られる日も。そんな光景を「ナイトサファリ」と呼んだ人がいて、まさしくその通り！と思いました。

今年は子ジカをよく見かけます。雪が少なく子ジカも越冬しやすかったのでしょう。歩く姿はかわいいのですが、数が増えすぎると生態系にも影響を与えるので心配です。

「ナイトサファリ」を楽しみたい方へ。動物が道の脇から突然飛び出したり、ライトに驚いて向かってくることもあります。動物が交通事故で死んだり、車が痛んだりするので〝動物が引かれないように〟のんびり運転を厳守してくださいね！

心のこもった卵をどうぞ！

作：オノミユキ

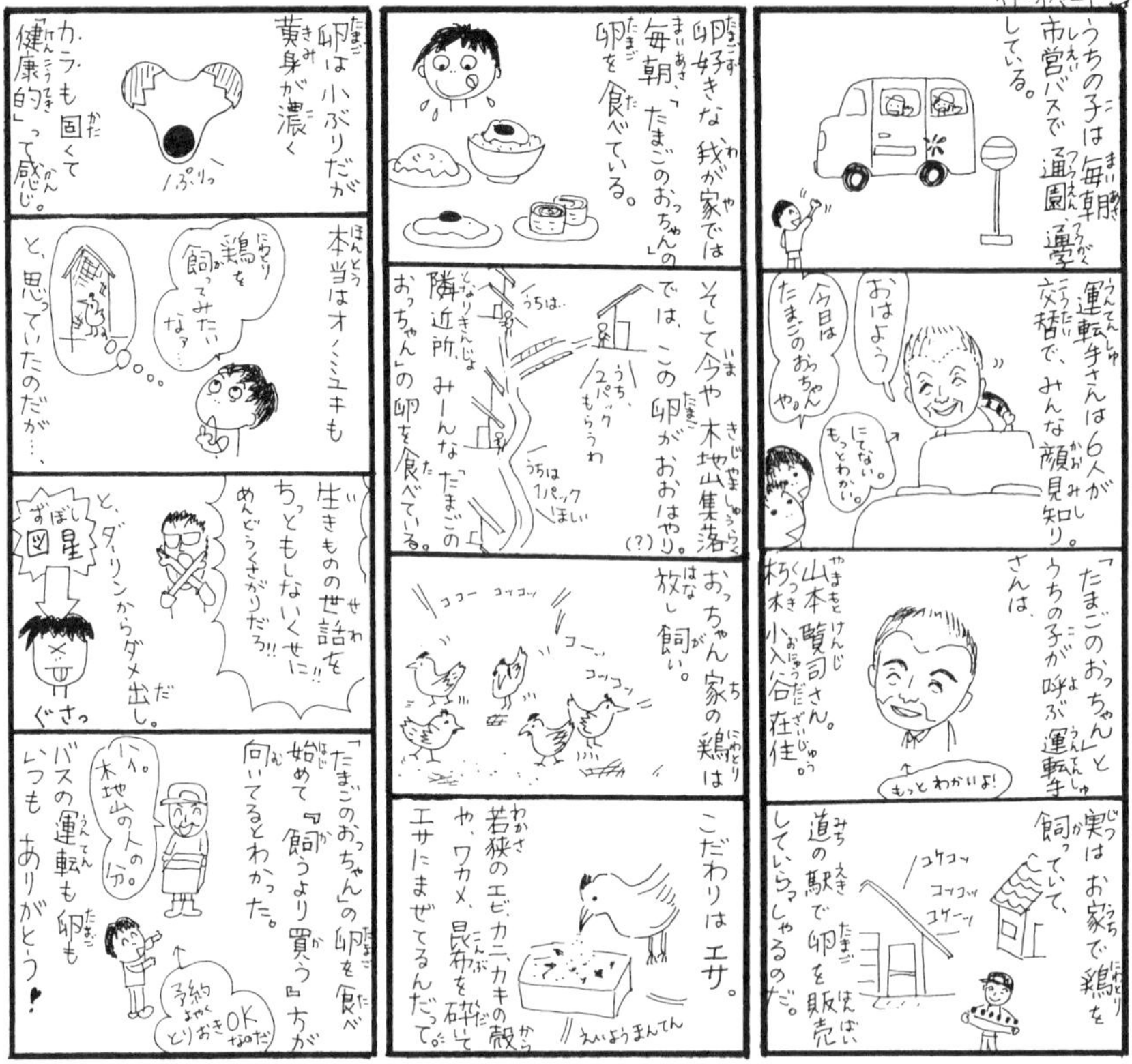

うちの子は毎朝《まいあさ》市営《しえい》バスで通園《つうえん》、通学《つうがく》している。
運転手《うんてんしゅ》さんは6人が交替《こうたい》で、みんな顔見知《かおみし》り。
おはよう
今日はたまごのおっちゃんや。
にてない。もっとわかい。
「たまごのおっちゃん」とうちの子が呼《よ》ぶ運転手《うんてんしゅ》さんは、山本賢司《やまもとけんじ》さん。朽木《くつき》小入谷《おにゅうだに》在住《ざいじゅう》。
もっとわかいよ！
実《じつ》はお家《うち》で鶏《にわとり》を飼《か》っていて、道《みち》の駅《えき》で卵《たまご》を販売《はんばい》していらっしゃるのだ。
コケコッ
コッコッ
コケーッ
卵好《たまごず》きな我《わ》が家《や》では毎朝《まいあさ》「たまごのおっちゃん」の卵《たまご》を食《た》べている。
そして今《いま》や木地山集落《きじやましゅうらく》では、この卵《たまご》がおおはやり。(?)
隣近所《となりきんじょ》、みーんな「たまごのおっちゃん」の卵を食《た》べている。
うちは…
うち、2パックもらうわ
うちは1パックほしい
おっちゃん家《ち》の鶏《にわとり》は放《はな》し飼《が》い。
ココー
コッコッ
コー…
コッコッ
こだわりはエサ。
若狭《わかさ》のエビ、カニ、カキの殻《から》や、ワカメ、昆布《こんぶ》を砕《くだ》いてエサにまぜてるんだって。
えいようまんてん
卵《たまご》は小ぶりだが黄身《きみ》が濃《こ》く
カラも固《かた》くて「健康的《けんこうてき》」って感《かん》じ。
ぷりっ
本当《ほんとう》はオノミユキも
鶏《にわとり》を飼《か》ってみたいなァ…
と、思っていたのだが…。
生《い》きものの世話《せわ》をちっともしないくせに!!
めんどうくさがりだろ!!
と、ダーリンからダメ出《だ》し。
図星《ずぼし》
ぐさっ
「たまごのおっちゃん」の卵《たまご》を食《た》べ始《はじ》めて『飼《か》うより買《か》う』方《ほう》が向《む》いてるとわかった。
にいに、木地山の人の分。
予約《よやく》とりおきOKなのだ
バスの運転《うんてん》も卵《たまご》もいつもありがとう♥

2010.9.23

「たまごのおっちゃん」こと山本賢司さんは、鶏を飼い始めて8年目。今は「ボリスブラウン」という赤玉を産む鶏を40羽ほど飼っておられます。日中はバスの運転手さんなので、庭先で放しっぱなしはできませんが、手作りのゲージの中で鶏たちはのびのび運動しています。集落には野生動物がたくさんいるので小屋を厳重にすることにひと苦労。特にイタチは、ほんの隙間からも侵入するので要注意です。

木地山の方々も「昔の卵の味を思い出す」と喜んでいます。

賢司さんが愛情をこめてヒヨコから育てた鶏の産む卵は、朽木の道の駅限定販売。1パック（10個入り）280円の卵はすぐに売り切れますヨ。

問い合わせは
TEL090-5136-3905
（サンキュータマゴ）
まで！

懐かしい味、ズイキ

作：オオミユキ

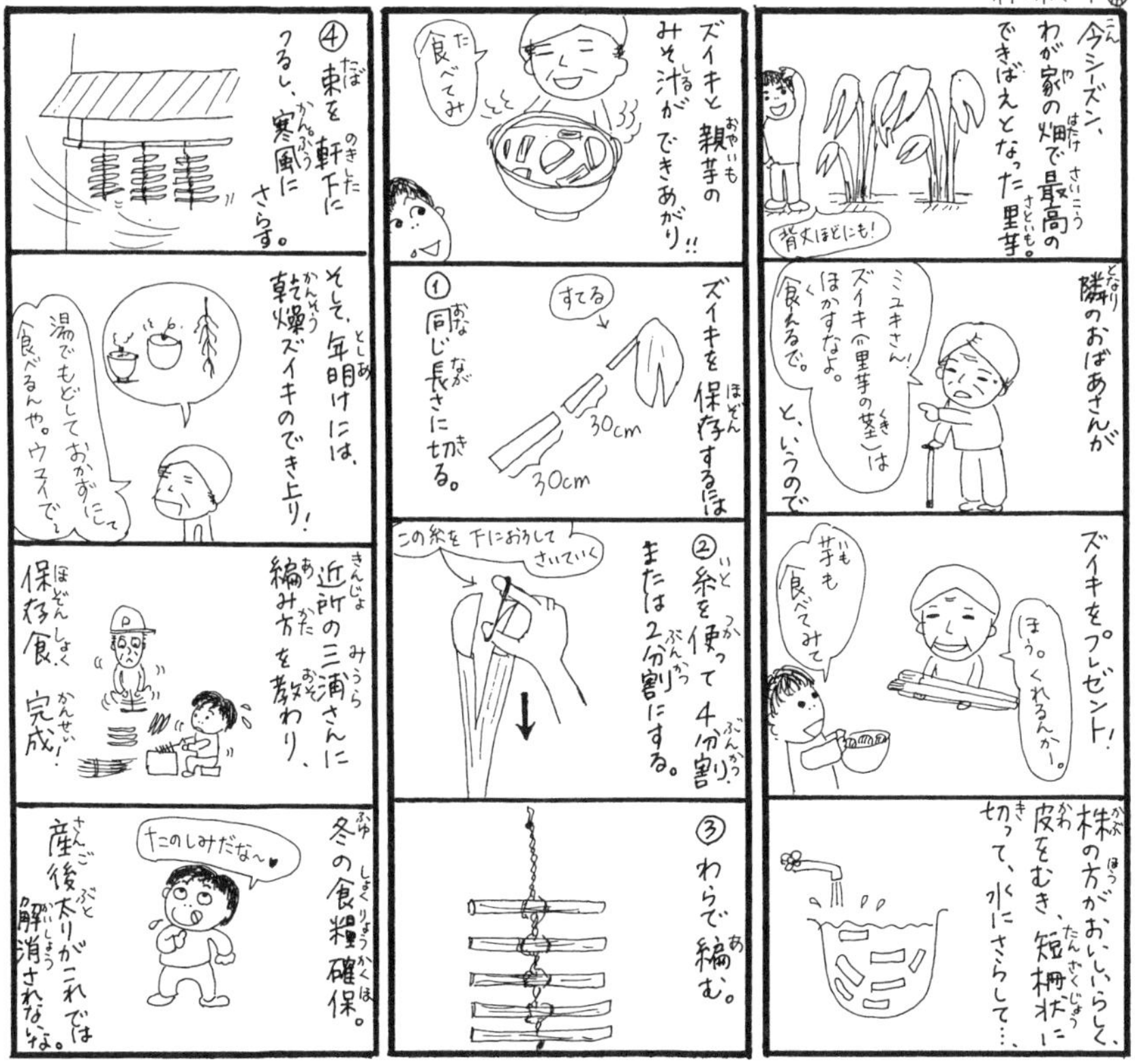
今《こん》シーズン、わが家《や》の畑《はたけ》で最高《さいこう》のできばえとなった里芋《さといも》。
背丈ほどにも！
隣《となり》のおばあさんが
ミユキさん！ズイキ（里芋の茎《くき》）はほかすなよ。食《く》えるで。
と、いうので
ズイキをプレゼント！
ほう。くれるんかー。
芋《いも》も食べてみて
株《かぶ》の方《ほう》がおいしいらしく、皮《かわ》をむき、短冊状《たんざくじょう》に切《き》って、水《みず》にさらして…。
ズイキと親芋《おやいも》のみそ汁《しる》ができあがり!!
食《た》べてみ
ズイキを保存《ほぞん》するには
すてる
30cm
30cm
①同《おな》じ長《なが》さに切《き》る。
②糸《いと》を使《つか》って4分割《ぶんかつ》または2分割《ぶんかつ》にする。
この糸を下におろしてさいていく
③わらで編《あ》む。
④束《たば》を軒下《のきした》につるし、寒風《かんぷう》にさらす。
そして、年明《としあ》けには、乾燥《かんそう》ズイキのでき上り！
湯でもどしておかずにして食べるんや。ウマイで～
近所《きんじょ》の三浦《みうら》さんに編《あ》み方《かた》を教《おそ》わり、
保存食《ほぞんしょく》、完成《かんせい》！
冬《ふゆ》の食糧《しょくりょう》確保《かくほ》。
たのしみだな～♥
産後《さんご》太《ぶと》りがこれでは解消《かいしょう》されないな。

2010.11.25

里芋の苗には小芋と茎を食べる「アカズイキ」と親芋と小芋を食べる「アオズイキ」があります。うちはアオズイキでしたが、隣のおばあさんに「このズイキ（茎の部分）は食べられるから絶対ほかすな！　食べられへんアオズイキはもっともっと色が濃いんや」と言われたので持って行くと味噌汁を作ってくれ、料理法も教わりました。保存法も教えてもらいました。

ちなみにズイキを食べるとお乳の出がよくなるそうなので、赤ちゃんのいる方はお試しあれ。1月にはおいしい干しズイキが完成し、さらにズイキネタやそのおかずで話が盛り上がりそうです。

ズイキを干させてもらった

干すとおいしい！栄養アップ！

作：オノミユキ

みなさん、こんな状態《じょうたい》のこの物体《ぶったい》、
しな〜っ
何《なに》かわかりますか？
なんとなんと、干《ほ》しズイキ！
わらであむ
くきをさいて…
そう！以前《いぜん》、マンガで紹介《しょうかい》した、里芋《さといも》の茎《くき》の乾燥物《かんそうもの》。
このしわくちゃな姿《すがた》に、
……
なんじゃこりゃホンマに食《た》べられるの？
こんでいい。ようできとる
くさっとらへんで
という近所《きんじょ》のおじいさんたち。
まず水《みず》につけてから湯《ゆ》の中でもむ。
赤黒《あかぐろ》い汁《しる》が出《で》るので、よく洗《あら》う。
刻《きざ》んでみると結構《けっこう》かたい。
こんなんがやわらかくておいしいの〜？
ヱ《え》ミ知《だ》いをもちながら、教《おそ》わった通《とお》りに料理《りょうり》。
まずはみそ汁。
具《ぐ》はズイキだけ。酒粕《さけかす》も入れて粕汁《かすじる》に。
すこしどろっとしている
これで完成《かんせい》！
もう一品《ひとしな》は大豆《だいず》の水煮《みずに》としょうゆで炊《た》く。
これら二品《ふたしな》を試食《ししょく》してもらうため、お隣《となり》りへ。
ちょっと食《た》べてみて〜
お、うまいで。
やわらかくなっとる
なつかしい味《あじ》や。
ヤッター!!
里芋《さといも》ってすぐれもの。
おやいもは汁もの…
こいもはにものシチュー…
ズイキはみそしるにもの…
オノミユキもそうありたい…

2011.2.7

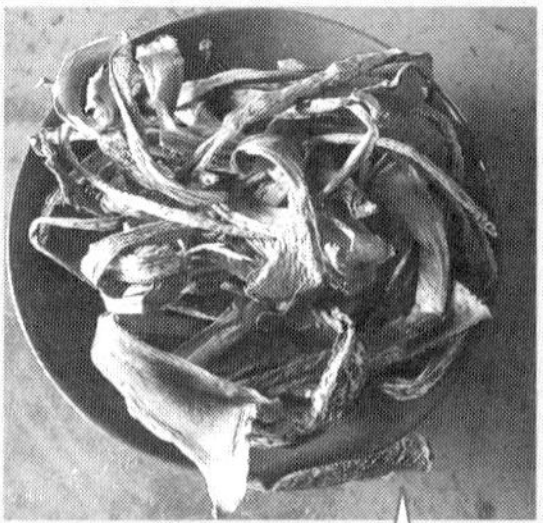
完成した干しズイキ。水に戻して炊いたりする

昨年11月初めに干したズイキが、寒風にさらされ乾燥ズイキに。12月が暖かく、カビが生えるかもと心配しましたが、近所の方の干していた場所を借りたからか、成功でした。

昔は除雪車が入らなかった山村では、冬の保存食は貴重。干しズイキもそのひとつです。「昔は他に食べるものがなかったからおいしく感じたのかもしれない」という方も「やっぱり今でもおいしかった」と喜んでくれました。

最近、干し野菜が流行っているそうな。野菜を日光に当てると栄養価も増すとか。昔の人は自然と健康食を作っていたことになるのですから、先人の知恵はすごい！　私も干し芋、干し大根、干し人参…と干し野菜ブームです。

卒業おめでとう！

作：オノミユキ

まだ雪深《ゆきぶか》い
朽木中牧地区《くつきなかまきちく》の
朽木西小学校《くつきにししょうがっこう》で
3月《がつ》18日《にち》に
卒業式《そつぎょうしき》が行《おこな》われた。
卒業生《そつぎょうせい》は
柳本小梨《やなぎもとさり》ちゃん
1名《めい》。
朽木西小《くつきにししょう》は
全校生徒《ぜんこうせいと》9名《めい》という
とても小《ちい》さな小学校《しょうがっこう》。
一時《いちじ》は生徒《せいと》がひとり
になったこともあったが、
移住《いじゅう》してきた家族《かぞく》が
増《ふ》え、最近《さいきん》は生徒数《せいとすう》が
ふえた。
卒業式《そつぎょうしき》の日《ひ》は、さりちゃんの
ご家族《かぞく》、在校生《ざいこうせい》、先生方《せんせいがた》
の他《ほか》、
地域《ちいき》の人《ひと》たちが20名《めい》
以上《いじょう》参列《さんれつ》。
会場《かいじょう》はいっぱい
みんなが温《あたた》かく
さりちゃんをお祝《いわ》いする。
とてもアットホームな式《しき》。
校長先生《こうちょうせんせい》や、PTAの
副会長《ふくかいちょう》さんの祝辞《しゅくじ》も
さりちゃんとの思《おも》い出《で》が
いっぱい詰《つ》まっていた。
バレーボールをしたね
西小《にししょう》に時々《ときどき》、おじゃましていた
オノミユキも、
たいこかっこよかった…
トランポリンしたな…
スネてたときもあったな…
と、いろいろな思《おも》い出《で》が。
たくさんの人に囲《かこ》まれて、
いつものニコニコ顔《がお》を
絶《た》やさなかったさりちゃん。
が、とうとう
「わかれのことば」で
涙《なみだ》がポロリ。
みんなですごした…
止《と》まらなくなっちゃった。
在校生《ざいこうせい》、そして
地域《ちいき》の人たちも、
涙《なみだ》・涙・涙…
しかし最後《さいご》は
再《ふた》び笑顔《えがお》をとりもどし、
みんなでさりちゃんを送《おく》った。
「地域《ちいき》の学校《がっこう》」を実感《じっかん》させられました。さりちゃん、おめでとう!!

2011.3.31

笑顔がステキなさりちゃん（中央）

祝辞で「東北、関東で発生した震災で日常生活を奪われた方々も多い中、私たちは普通の暮らしを続けられています。卒業式を無事迎えられ、感謝でいっぱいです」と朽木西小の校長先生。皆、日常生活のありがたさを身にしみて感じたでしょう。

針畑《はりはた》地区朽木西小には生粋《きっすい》の地元の子はいませんが、学校の存在は地域にとってかけがえのないものです。学校行事や授業で、お年寄りから伝統文化を習ったり伝統行事に参加したり、学校に地域の方々を招いたり…、地域色豊かな取り組みです。移住した子たちもかわいがられています。「おめでとう！」と目をうるませて固く握手。

春には新入生がひとり入学。全校生徒9名での出発です。

ゲストマンガ

意志はかたい？

作：カトキノ

スタート
おれはカトキノ おれは、今、空手の寒げいこでびわ湖に入っているのだ。
えい
えい
寒げいこは冬に水に入って心と体をきたえるけいこだ。
(男子は上半身はだかでやる)
しかも水温約7℃
ピキーン
しかし…
終わった後はなんと!!
とん汁が食べられるのだ。
そしておやつも!!
ポテトチップス
下の方にはポップコーン
うまい〜
温まる〜
しかし これによるおれの本当の目的は…
バッ
意志をかたくするためなのだ。!!
宿題やるぞっ
よしっ
でもその意志もそう長くは続かないのであった……
ハーッ

植物のカシコイ使い方

作：オノミユキ

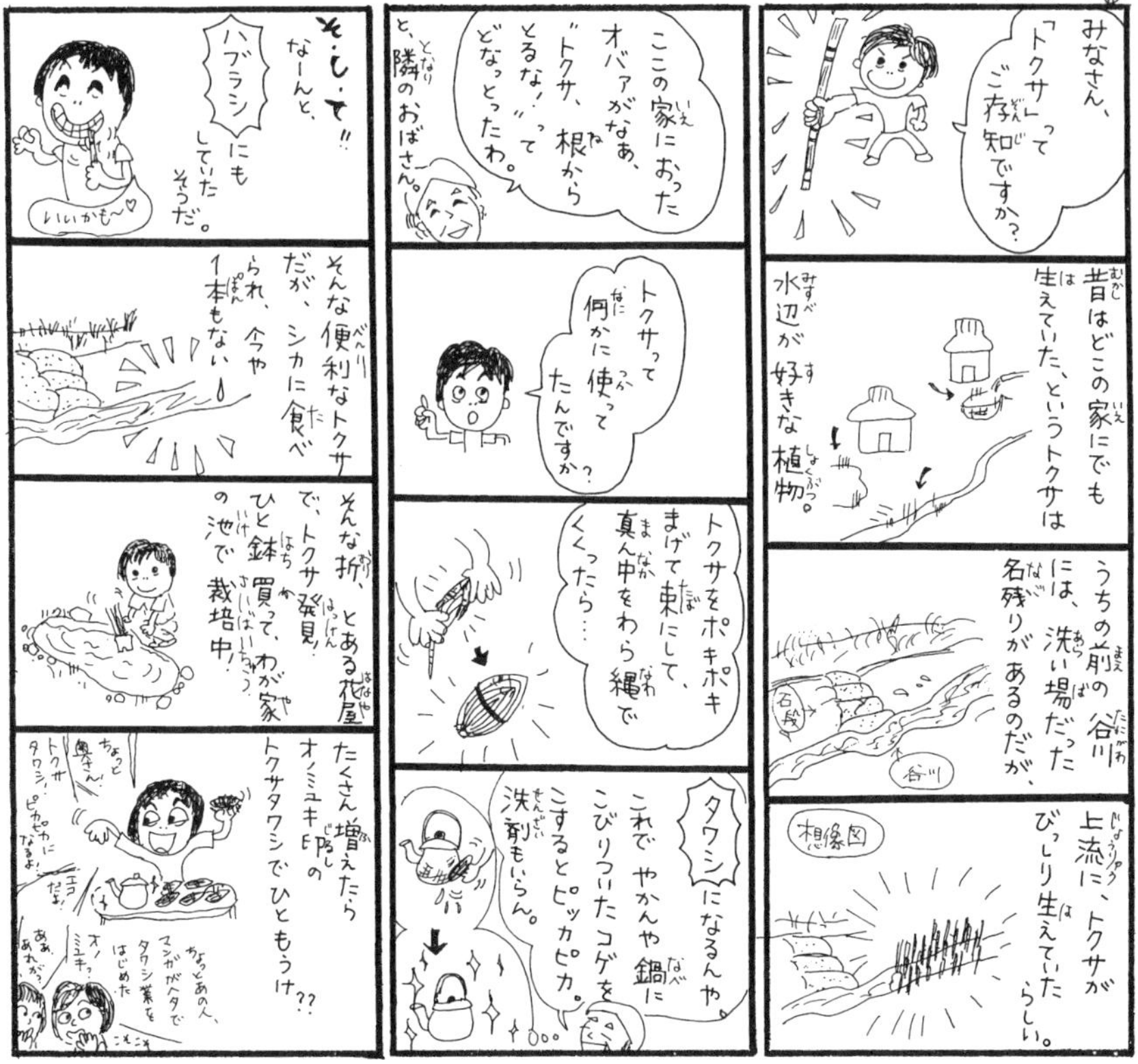
みなさん、「トクサ」ってご存《ぞん》知《じ》ですか？
昔《むかし》はどこの家《いえ》にでも生《は》えていた、というトクサは
水辺《みずべ》が好《す》きな植物《しょくぶつ》。
うちの前《まえ》の谷川《たにがわ》には、洗い場《あらいば》だったなごり《なごり》が、
名残《なご》りがあるのだが、
石段
谷川
上流《じょうりゅう》に、トクサがびっしり生《は》えていたらしい。
想像図
ここの家《いえ》におったオバアがなあ、"トクサ、根《ね》からとるな！"ってどなっとったわ。
と、隣《となり》のおばさん。
トクサって何《なに》かに使《つか》ってたんですか？
トクサをポキポキまげて束《たば》にして、真ん中《まんなか》をわら縄《なわ》でくくったら…
タワシになるんや。
これでやかんや鍋《なべ》にこびりついたコゲをこするとピッカピカ。
洗剤《せんざい》もいらん。
そ・し・て!! なーんと、
ハブラシにもしていたそうだ。
いいかも～♡
そんな便利《べんり》なトクサだが、シカに食《た》べられ、今や1本《ぽん》もない。
そんな折《おり》、とある花屋《はなや》で、トクサ発見《はっけん》！
ひと鉢《はち》買《か》って、わが家《や》の池《いけ》で栽培中《さいばいちゅう》！
たくさん増《ふ》えたらオノミユキ印《じるし》のトクサタワシでひともうけ？？
ちょっと奥さん！トクサタワシ！ピカピカになるよ！
エコだよ！
ああ、あれか？
オノミユキっ
ちょっとあの人、マンガがヘタでタワシ業をはじめた
こそこそ

2011.7.14

わが家で栽培中のトクサ

トクサは、漢字で「砥草」と書きます。茎がかたくて砥石《といし》のような草という由来通り、磨き応えのあるタワシになります。

山村の暮らしと植物は非常に密接です。今でこそ生活必需品は購入できますが、昔は身の回りの自然のものを工夫して使うことが必須でした。

例えば、マンサクやシナノキという樹木の枝は、しなりがいいのでロープに。ワラや麻は服飾に。ワラビやゼンマイ、ミョウガなどは保存食…など。ところでコゴミという山菜は、ある地域ではお尻を拭く葉だそうで「食べるなんてとんでもない！」と。植物にも地域ならではの使い方があるようですね。

生まれ変わった古民家

作:オノミユキ

今回《こんかい》紹介《しょうかい》するのは山本利幸《やまもととしゆき》さん&ひとみさん。
おふたりとも、朽木針畑《くつきはりはた》移住者《いじゅうしゃ》です。
おふたりは、カヤぶき屋根《やね》の古民家《こみんか》にお住《す》まいです。
利幸《としゆき》さんが地元《じもと》の方《かた》から購入《こうにゅう》。
ある日《ひ》、屋根《やね》のふきかえをしているから見学《けんがく》におじゃました
オノミユキ。
今から行っていいですか？
いいでー
屋根《やね》ふき職人《しょくにん》さんはふたり。兵庫県《ひょうごけん》の方《かた》で、泊《と》まりこみで働《はたら》いている。
利幸《としゆき》さんはカヤを集《あつ》めるのに何年《なんねん》もかかったそうだ。
ふう…
カヤが少《すく》なくなった今《いま》、ひと苦労《くろう》して刈《か》りとった。
昔はカヤだらけだったろうに…
地元《じもと》の人が保管《ほかん》しておられたものを買《か》い取《と》ったりもされたとか。
アリガトウゴザイマス！
使《つこ》うてくれやー
屋根《やね》一面《いちめん》で使《つか》うカヤは1000束《たば》くらいかなー
と利幸さん。
ビヨエ！
1000束?!
7月初《はじ》めに来《き》た職人《しょくにん》さんはおよそ1ケ月《げつ》滞在《たいざい》。
暑《あつ》い中《なか》での重労働《じゅうろうどう》である。
あつそー
実《じつ》はおふたりは、2010年に結婚《けっこん》。
アツアツの新婚《しんこん》さん♡
はっきり言《い》って、利幸さんの独身《どくしん》の頃《ころ》、家《いえ》の中も外もグチャグチャだった。
あ…あしのふみ場がない…
ひとみさんが嫁《とつ》いできたとたん、部屋《へや》という部屋がピッカピカに!!
同じ家とはおもえない！
床も扉もキレ〜イ♡
家《いえ》の前はそば畑《ばたけ》にしよう、という夢《ゆめ》もふくらむ山本家《け》であった。

2011.8.11

山本利幸さんは94年に朽木に移住し公共住宅にいましたが、数年前に茅葺《かやぶき》の古民家を購入されました。ひとみさんは2010年、結婚を機に移住。利幸さんは朽木古屋の簡易郵便局長さん。仕事が忙しく購入した古民家も手入れできず、だったのですが、今回訪ねてびっくり！　炊事場、トイレ、風呂、囲炉裏部屋…、素晴らしく改装！　また、家の周りを柵で囲み、シカの侵入を防ぎ、植物の再生に成功！

こうして、長年放置されていた民家は、山本夫妻の手で復活したのです。地域も家も、やはり人が住まないといけない。人が時間と手をかければ、復元も夢じゃない、と感じました。

親方（右）は80歳を超えているのに足取り軽やか！

マイタケ、毎年ご馳走様!

作：オハミユキ

秋《あき》ですよ、秋《あき》!!
秋 といえば…
キノコ
それも マイタケ!!!
毎年恒例《まいとしこうれい》となった 朽木山行会《くつきさんこうかい》による マイタケ探《さが》しツアー。
やってきました
去年は出産で不参加
最高年齢《さいこうねんれい》80才の 中野《なかの》さんをはじめ、
老若男女 勢ぞろい
最少年齢《さいしょうねんれい》は0才の わがむすこ シンクロウ。
4年と1年の子も 連れているので
ボチボチ 登《のぼ》りましょうや
の つもりが…
歩《ある》くの速《はや》いっ!?
特《とく》に中野《なかの》さん!
なんで そんなに 急ぐの!?
だって、目当《めあ》てがあるんだも〜ん。
もちろん マ・イ・タ・ケ♡♡
マイタケはミズナラの木に生える。 ミズナラの林《はやし》に入ったとたん、 メンバーはちりぢりに…。
アレ
うちの子《こ》たちまで
どっち?
あれ?
ちゃうちゃう! おっちゃん達《たち》についていったらアカン!
そうかと思えば
このコケ きれいねー
と、コケを愛《め》でたり
ちょっとクロモジ茶《ちゃ》を作ろうか。
と、枝《えだ》を採取《さいしゅ》するメンバーも。
もう! みんな マイペース なんだから!
ま、それがこの会の 楽しいところなのだ。
ずっと ねているシンクロウ
と、その時《とき》!!
マイタケ、あったで〜!!
と、歓喜《かんき》の声。
下山後《げざんご》はもちろん マイタケのすき焼《や》き会《かい》。
これで冬ごもりの 支度《したく》はできたかな。
大根《だいこん》入りが特徴《とくちょう》

2011.10.13

マイタケ探しに消えたおじさん達、まだかな〜

9月中〜下旬の朝夕の冷え込みと適度な雨量はキノコ類に影響します。マイタケは見つけると舞い上がるほど嬉しい、という由来通り貴重で高価。今回の登山で見つけた株は小さかったけれど、天然ものは初めての私は舞い上がるほどの喜び。子ども3人連れて登山した甲斐がありました。

朽木山行会のメンバーは個性豊かでおもしろい。高齢化してきたのでハードな山行はしませんが、歩調が合う子どもたちも楽しみながら登れました。子どものペースに合わせることは大事ですがなかなかできないので、ありがたかったです。集まるたびに「大きくなったね」と言ってもらえるのも嬉しいです。

毎日新聞編

ココンバの神様は女性です

作：オハミユキ

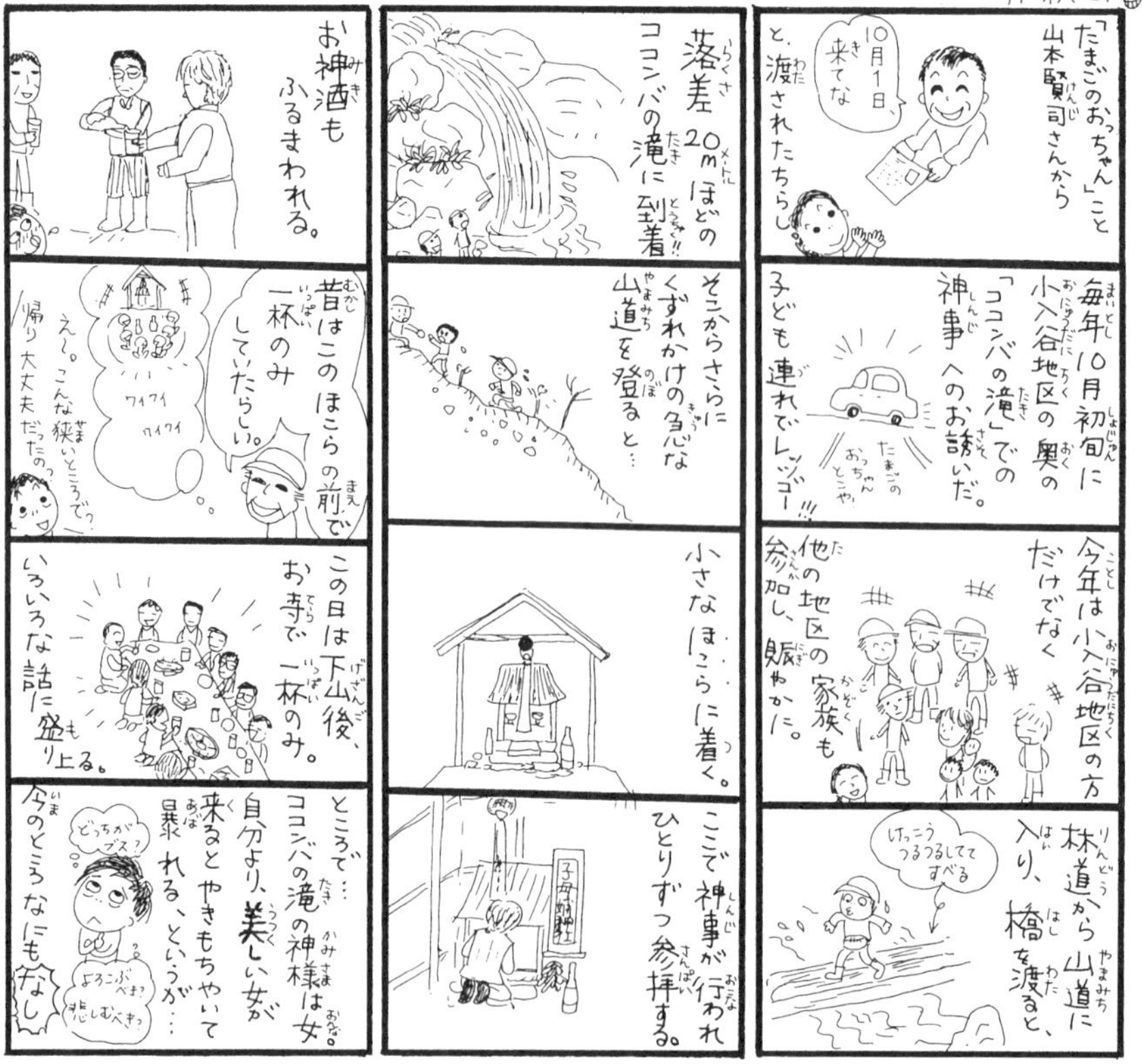

「たまごのおっちゃん」こと山本賢司《けんじ》さんから
10月1日来《き》てな
と、渡《わた》されたちらし
毎年《まいとし》10月初旬《しょじゅん》に小入谷《おにゅうだに》地区《ちく》の奥《おく》の「ココンバの滝《たき》」での神事《しんじ》へのお誘《さそ》いだ。
たまごのおっちゃんとこや！
子ども連《づ》れでレッツゴー!!
今年《ことし》は小入谷《おにゅうだに》地区《ちく》の方だけでなく
他《た》の地区の家族《かぞく》も参加《さんか》し、賑《にぎ》やかだ。
林道《りんどう》から山道《やまみち》に入《はい》り、橋《はし》を渡《わた》ると、
けっこうつるつるしてて すべる
落差《らくさ》20m《メートル》ほどのココンバの滝《たき》に到着《とうちゃく》!!
そこからさらにくずれかけの急《きゅう》な山道《やまみち》を登《のぼ》ると…
小さなほこらに着《つ》く。
ここで神事《しんじ》が行《おこな》われひとりずつ参拝《さんぱい》する。
お神酒《みき》もふるまわれる。
昔《むかし》はこのほこらの前《まえ》で一杯《いっぱい》のみしていたらしい。
ワイワイ
ワイワイ
えっ。こんな狭《せま》いところでっ
帰り大丈夫だったのっ
この日は下山《げざん》後、お寺《てら》で一杯《いっぱい》のみ。
いろいろな話に盛《も》り上る。
ところで…ココンバの滝《たき》の神様《かみさま》は女《おんな》。
自分より美《うつく》しい女が来《く》るとやきもちやいて暴《あば》れる、というが…
どっちがブス？
よろこぶべき？ 悲しむべき？
今《いま》のところなにもなし

2011.10.27

昔、滝までイワナ釣りに来ていたそうです

雨が心配でしたが大勢集まりました。昔は小入谷地区の男性だけだったそうです。

ココンバの神様は雨乞いの女の神様。使い古しの女性の腰巻き（下着）を滝つぼに投げ入れて怒らせ、雨を降らせたとか。祠《ほこら》に赤飯や魚、昆布巻きを供えます。昆布巻きと腰巻きをかけているとか。

昔は料理を持ち寄っての一杯飲み。この日はお店の料理の他、赤飯、昆布巻き、ちらし寿司、しば漬けなど、手作りの料理も並び華やかでした。

賢司さんのお父さんは昔、祠の前で酔いつぶれ、一輪車に乗せられて帰ったそうです。賢司さんはこの日、お寺で酔いつぶれなかったかな？

どんぐり植えよう！

作：オミユキ

朽木《くつき》麻生区《あそく》に
森林公園《しんりんこうえん》「くつきの森《もり》」がある。
ハイキングや木をきる
体験《たいけん》ができる場所《ばしょ》である。
今年《ことし》、森《もり》の一部《いちぶ》を使《つか》って
「ドングリの木を増《ふ》やそう
プロジェクト」が始《はじ》まった。
よびかけ人は
太陽生命保険《たいようせいめいほけん》会社の
秋山《あきやま》サン！
ドングリうえましょ～
地元《じもと》 朽木東小《くつきひがししょう》3年生《ねんせい》が
ドングリの苗《なえ》づくりをし、
これから3年間《ねんかん》
必死《ひっし》に
お世話《せわ》する。
4年生…
5年生……
そして、卒業《そつぎょう》の年《とし》、
記念植樹《きねんしょくじゅ》として、成長《せいちょう》
したドングリの木を
「くつきの森」に植《う》えるのだ。
おおきくなれよ～
6年生…
種《たね》まき指導《しどう》は、
森のエキスパート、
海老沢《えびさわ》さんと、
森のスーパーマン、
広川《ひろかわ》さん。
カメラ係《がかり》は
秋山さん。
東京から来られた
細長いビニール袋《ぶくろ》に
土を入れ、ひとつずつ
まきます。
ポットより
根《ね》がよくのびるらしい…。
ビニール袋でうまくいくんですか？
との質問《しつもん》に、
イヤー、初めてするからわからな～い。
いつもこんなちょうし。でもエキスパート
ん？そういえば森のスーパーマンは？
うちの子と遊んでる～っっ。
いつもこんなかんじ。でも、スーパーマン
せっかく植《う》えてもシカに食《た》べられませんか？
う～ん、その対策《たいさく》は森に植えるまでに考える～。
やっぱりこんなちょうし。でもエキスパート
そして活動《かつどう》終了《しゅうりょう》。
子どもたちも大満足《だいまんぞく》。
かわいい小学生に
見送《みおく》られ
サイナラ～
東京にかえりたくな～い
特にアキヤマサン
すっかり朽木のとりこに…？？

2011.12.1

「くつきの森」は、地元NPO法人が管理しており、その一部を太陽生命保険株式会社（本社：東京）さんが育成に協力しておられます。

この日は、コナラ、クヌギ、カシワのどんぐりをまきました。戦後、雑木林を人工林に変えたことや、近年シカが実生《みしょう》を食べることなどから、実のなる木が減っています。これでは動物の食糧が減るし、山の保水力がなくなり土砂崩れなどが起こりやすくなります。山の近くに住む人も都会に住む人も山を健康にしよう！という「どんぐりプロジェクト」が何年も続きますように。

広川さんと秋山さん！　おじいさんになっても、ドングリを植えに来てね！

森のエキスパート、海老沢さん（奥）は、朽木の方

みなさんよいお年を

作：オバミユキ

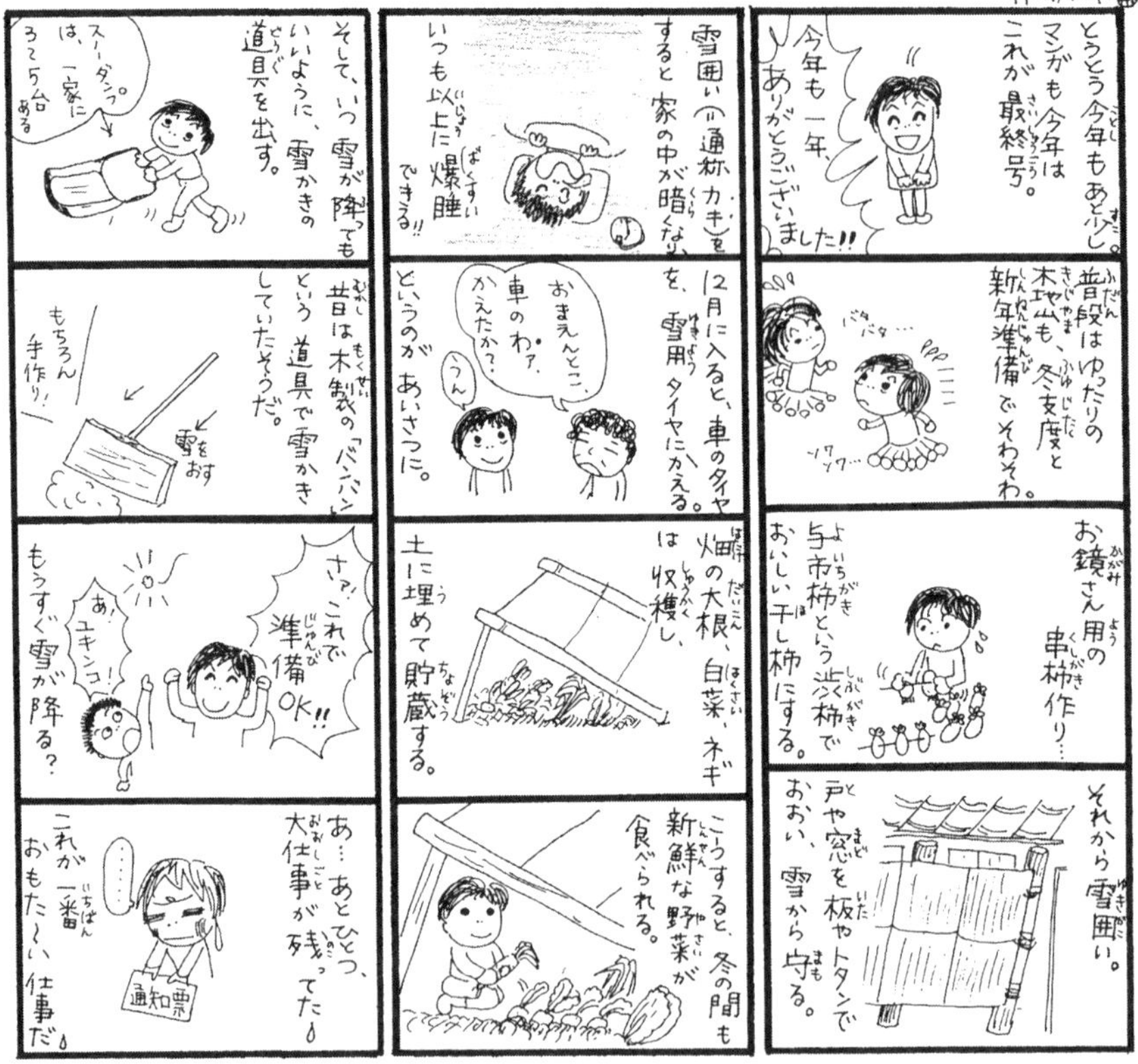

とうとう今年《ことし》もあと少《すこ》し。
マンガも今年は
これが最終号《さいしゅうごう》。
今年も一年、
ありがとうございました!!
普段《ふだん》はゆったりの
木地山《きじやま》も、冬支度《ふゆじたく》と
新年準備《しんねんじゅんび》でそわそわ。
バタバタ…
ワクワク…
お鏡《かがみ》さん用《よう》の
串柿《くしがき》作り…
与市柿《よいちがき》という渋柿《しぶがき》で
おいしい干《ほ》し柿にする。
それから雪囲《ゆきがこ》い。
戸《と》や窓《まど》を板《いた》やトタンで
おおい、雪から守《まも》る。
雪囲い(通称カキ)を
すると家の中が暗《くら》くなり、
いつも以上《いじょう》に爆睡《ばくすい》
できる!!
12月に入ると、車のタイヤ
を、雪用《ゆきよう》タイヤにかえる。
おまえんとこ、
車のわァ、
かえたかァ?
うん
というのがあいさつに。
畑《はたけ》の大根《だいこん》、白菜《はくさい》、ネギ
は収穫《しゅうかく》し、
土に埋《う》めて貯蔵《ちょぞう》する。
こーうすると、冬の間も
新鮮《しんせん》な野菜《やさい》が
食べられる。
そして、いつ雪が降っても
いいように、雪かきの
道具《どうぐ》を出す。
スノーダンプは、一家に
3～5台ある
昔《むかし》は木製《もくせい》の「バンバン」
という道具で雪かき
していたそうだ。
もちろん
手作り!
雪をおす
さァ!これで
準備《じゅんび》
OK!!
あ!
ユキンコ!
もうすぐ雪が降る?
あ…あとひとつ、
大仕事《おおしごと》が残《のこ》ってた。
……
これが一番《いちばん》
おもた～い仕事だ。
通知票

2011.12.15

わずかな雪で遊ぶ子ども達

1年なんてあっという間でもう新年の準備。今年は渋柿が豊作で、近所の方から40個ほどおすそ分け。せっせと皮をむいて干したのに半分ほど何者かに食べられてしまいました。

ところでユキンコ（またの名をユキムシ）ってご存知ですか。綿のようにふわふわな小さな虫です。これが舞うと雪が降るそうですが本当かな？　虫の正体は「ワタアブラムシ」というアブラムシの一種です。

ユキンコが舞って10日ほど過ぎた12月9日、木地山に10㎝ほどの初雪。忙しい年末に雪が積もると大変ですが、いっそのこと雪で汚いものを隠して年を越したい気分です。

災害が多い大変な年でしたが、来年は平穏無事でありますように。

おわりに

私が木地山から離れられない理由

朽木に移住して15年。はじめは公営住宅に住んでいましたが、もっと人里離れたところに住みたい!と思って引っ越した先が木地山地区。現在の人口はたったの16人。そのうち5人がうちの家族です。子どもは他にいないので、友達がいなくて寂しい時もあります。でも、近所の人たちはうちの子を可愛がってくれる。叱ってもくれる。声がすると喜んでくれる。顔を見せないと心配もしてくれる。そんな地域です。

木地山に移り住んだ当初、この静かな環境と、近所の人たちの温かさ、満ち溢れた自然環境が自分にぴったりでとても気に入ったので、住むことに決めました。やがて、結婚して子どもも生まれ、ますますこの地域が好きになっていたのですが、一方、やや不便な暮らしが、子どもにとってよいことばかりなのかと思い悩むこともありました。

しかし、こんな不便で厳しい自然環境の中でも、高齢の方々は力強く暮らしています。食生活も衣服も住環境も、贅沢をせずに質素に暮らしています。そのような暮らしぶりをそばで何年も見ていると、こんなに私たちによくしてくれている方々を放って、便利な暮らしを求めて出ていくことはできないなと感じ始めました。この集落を守り続けるなんて大きなこと、私たちにはできないかもしれない。でも、挑戦してみる価値はあるんじゃないかと思い始めたのです。

当初は「自分が木地山のことが好きだから」住みたいと思った。でも今は、「自分の好きな木地山を放ってはおけないから」住み続けたいと思うのです。子どもたちにまで、こういう思いでしばりつけたくはないけれど、「オレらがいなくなったら、(木地山の)おばさんたちは寂しいやろな」という息子の言葉を聞いたとき、なんだかうれしくなってしまいました。いろいろな葛藤はあったけれど、ここで暮らしていてよかったな、と思えた瞬間でした。そしてこれからも、思い悩みながらも山村が大好きな家族の暮らしをできるだけ続けていきたいなと思うのです。

2013年2月

プロフィール

オノミユキ（本名：加藤みゆき）

1974年生まれ。大学在学中、東アフリカのタンザニアの山村を訪問。現地の人に日本の暮らしのことを聞かれ、日本について無知なことを思い知らされる。海外を知る前に自国を知らねばと思い立ち、卒業後の1997年、朽木に移住。「県立朽木いきものふれあいの里」で自然観察指導員を務めたあと、2000年に木地山区に移り、結婚、出産。「森林公園くつきの森」に4年間勤め、退職。現在は主婦。すっかりこの山奥暮らしにハマってそのまま住み続けることになりそう。2012年12月に「山村大好き家族〜ドタバタ子育て編〜」を出版。

山村大好き家族　おもしろ生活編

2013年2月18日　初版第1刷発行

著者　オノミユキ
発行者　岩根順子
発行元　サンライズ出版株式会社
〒522-0004　滋賀県彦根市鳥居本町655-1
TEL 0749-22-0627
FAX 0749-23-7720

印刷製本　P-NET 信州

定価は表紙に表示されています。
落丁・乱丁がございましたらお取り替えいたします。

Printed in Japan
ISBN 978-4-88325-498-9 C0095

今津方面
地場産センター p.65
大國主神社 p.53 p.68
新旭町
安曇川町
高島方面
区
秀隣寺
p.44
p.51
p.57
円満寺
p.44 p.57
野尻区
市場区
朽木中学校
木東小学校
朽木保育園
朽木いきもの
ふれあいの里
p.21
367
はせ川
p.62
都方面

カット：かとうさわ